U0726811

孩子也能懂的"双碳"

柠檬夸克 著

兔子洞插画工作室 绘

CTS | 湖南少年儿童出版社 · 长沙
HUNAN JUVENILE & CHILDREN'S PUBLISHING HOUSE

图书在版编目（CIP）数据

孩子也能懂的"双碳" / 柠檬夸克著；兔子洞插画工作室绘. -- 长沙：湖南少年儿童出版社，2025.3. -- ISBN 978-7-5562-7974-6

Ⅰ. X511-49

中国国家版本馆CIP数据核字第2024CW7636号

孩子也能懂的"双碳"

HAIZI YE NENG DONG DE "SHUANGTAN"

总　策　划：胡隽宓
策划编辑：罗晓银　万　伦
责任编辑：万　伦
营销编辑：罗钢军
封面设计：进　子
内文排版：兔子洞插画工作室
质量总监：阳　梅

出　版　人：刘星保
出版发行：湖南少年儿童出版社
地　　　址：湖南省长沙市晚报大道 89 号（邮编：410016）
电　　　话：0731-82196320

常年法律顾问：湖南崇民律师事务所　柳成柱律师
印　　刷：湖南立信彩印有限公司
开　　本：710 mm×1000 mm　1/16
印　　张：8.25
版　　次：2025 年 3 月第 1 版
印　　次：2025 年 3 月第 1 次印刷
书　　号：ISBN 978-7-5562-7974-6
定　　价：39.80 元

版权所有　侵权必究
质量服务承诺：若发现缺页、错页、倒装等印装质量问题，可直接向本社调换。
联系方式：0731-82196345

　　我国西藏自治区的那曲市位于拉萨市的西北部，这里有一个美丽的湖泊——色林错，到过这里的人无不被色林错的美所折服，它清澈、湛蓝，像一颗镶嵌在高原仙境的宝石。然而，就是这么一个绝美的湖泊，名字的含义却十分骇人——威光映复的魔鬼湖。

　　在藏语中，"错"是湖的意思，那么"色林"难道是魔鬼吗？

　　是的！相传在很久以前，有一个大魔王，就叫色林。

　　色林魔王体形高大、生性残忍，每天都要吃掉很多生灵。住在附近的人日日饱受魔王的威胁荼毒，提心吊胆、痛苦不堪，于是请来神仙降伏这个害人不浅的魔王。一番激战后，大魔王败下阵来，狼狈地向北逃窜，眼见前面一个大湖，狡猾的大魔王一头扎进湖水，躲起来了。

　　为了不让大魔王再出来祸害人间，神仙招来7个精灵，命令他们在湖边看守，并给这个湖取名"色林堆错"。后来，这个湖就成了今天的色林错。

尽管名字煞风景，但色林错的风景真是相当不错！这里有翻滚的云、粼粼的水波、连绵的群山和一望无际的辽阔草原，湖水、蓝天、白云融为一体。湖岸上，不时有牧民赶着羊群经过，真是风景如画，美得令人心醉。

色林错是我国除青海湖外最大的咸水湖，也是西藏自治区的第一大湖。然而，在上个世纪，这个"西藏第一大湖"的名头曾属于纳木错，一个位于色林错东南方向，同样美丽的湖泊。藏族同胞称之为"圣湖"。

本世纪初，随着全球气候变暖，西藏地区冰山融化的速度加快，冰山融水增加，使得西藏地区大大小小的湖泊面

色林错

积都在加大。色林错的面积从此正式超过纳木错，成为西藏第一、全国第二的咸水湖。

湖泊面积增大，最大的赢家可能要数湖里的鱼类，因为"地盘"变大了嘛。可这却给当地百姓带来了不小的麻烦。首先，湖水外溢，淹没了岸边的草场，当地牧民不得不给他们饲养的牲畜寻找新的草场。其次，湖面变大也会淹没湖边的公路，给交通运输带来不便。最后，冰山融水的增加在短时间内确实会使湖面变大，但同样会使冰山上的冰雪减少，如果没有足够的降水补充，久而久之冰山融水也会逐渐减少，最终导致当地干旱。

看看！这就是全球气候变暖给人类造成损失的一个实例。

"全球气候变暖"是一个自上世纪后半叶兴起的话题，引起了世界各国的担心和焦虑。

世界气象组织宣布，从 2023 年 6 月到 2024 年 6 月，全球月平均气温已经连续 13 个月刷新最高纪录。至少有 10 个国家的多个地区，日最高气温超过 50 摄氏度。根据欧洲的哥白尼气候变化服务局提供的数据，2024 年 7 月 22 日是有记录以来最热的一天。

纳木错

2023 年 7 月，全球多地经历了热浪、干旱、风暴和洪水等极端天气，北半球多地也频繁出现破纪录的高温事件。同样，我国也经受了热浪袭击，民众生活备受"烤"验。"热"成了这个夏天的主题词。气象学家认为，这就是全球气候变暖造成的。

那么，到底是什么造成了全球气候变暖呢？全球气候变暖对我们的生活有什么危害？科学家们在谈论全球气候变暖的时候，经常会提到的碳排放、碳捕集、碳达峰、碳中和……这些以"碳"字开头的术语是什么意思呢？这些"碳啥啥"和全球气候变暖又有什么关系呢？

本书将为你揭秘碳的"七十二变"、碳的"前世今生"以及碳是怎么"搅动风云"，影响全球气候的。

极端天气的频繁出现

目录

I

第一章
碳的 "七十二变"

- 从远古走来
- 不惜本钱，一 "碳" 究竟
- 点 "石" 成 "金" 的人
- 通向未来
- 用胶带纸撕出来的
  诺贝尔奖

　　碳是化学界的"变脸王"，它有形形色色的面孔，藏在天地之间的各个角落，各有各的来历和一番精彩的故事。有的毫不起眼，有的价值连城，有的从历史深处走来，有的连通未来。地上有碳，地下也有碳，我们吃的食物里有碳，甚至你的身体里都有碳！本章将撕下碳所有迷惑人的"伪装"，破解它的每一项"法术"，带你全方位无死角地认识"变化多端"的碳。

从远古走来

　　碳，元素周期表上的第 6 号元素，英文名称是 Carbon，元素符号是 C。它排第 6，并不是因为它是第 6 个被发现的化学元素，实际上，谁也说不清它是人类发现的第几个化学元素，因为它是少数几个，在人类还没有文字的时候，就被认识的化学元素之一。之所以排第 6 位，是因为碳原子的原子核中有 6 个质子，它的原子核外有 6 个电子。用化学家的话来说：它的原子序数为 6。

小实验 **动手做一个碳原子模型**

　　准备绿葡萄和紫葡萄各 6 颗，再找 6 颗豌豆和一些牙签。用保鲜膜把葡萄紧紧包裹，再按图示方法扎上牙签和豌豆，你就能得到一个属于你自己的碳原子模型了。

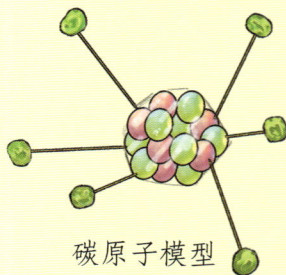

碳原子模型

元素周期表

元素周期表（含原子序数、元素符号、元素名称；红色指放射性元素，注 * 的是人造元素；金属、非金属分区）

镧系：

57 La 镧	58 Ce 铈	59 Pr 镨	60 Nd 钕	61 Pm 钷	62 Sm 钐	63 Eu 铕	64 Gd 钆	65 Tb 铽	66 Dy 镝	67 Ho 钬	68 Er 铒	69 Tm 铥	70 Yb 镱	71 Lu 镥

锕系：

89 Ac 锕	90 Th 钍	91 Pa 镤	92 U 铀	93 Np 镎	94 Pu 钚	95 Am 镅	96 Cm 锔	97 Bk 锫	98 Cf 锎	99 Es 锿	100 Fm 镄	101 Md 钔	102 No 锘	103 Lr 铹

知识链接

　　科学家们根据每个化学元素的性质，把它们填充到了一张表格里。这张遍布宝藏的表格叫作元素周期表，可以说它是我们探索化学世界的必备神器。一张元素周期表在手，你可以查到每一个化学元素的名称、元素符号和原子序数。表格中的每一横行被称为一个周期，比如碳，还有我们常见的氧，都是第二周期的元素；表格中的每一纵列则被称为一个族，族又分为主族和副族，比如碳在主族的第四纵列，所以它是第ⅣA族元素，同理，氧是第ⅥA族元素。第Ⅷ族元素比较特殊，它包含3列，现代社会最重要的建筑材料——铁，就在这一族。到目前为止，元素周期表上共包含118个化学元素。

碳广泛存在于地球的各个角落，空气里有，砂石里有，土壤里有，水里有，就连我们的身体里也有。人类也早就认识碳了，煤炭、木炭、炭黑……这些统统都是碳。元素周期表中的"碳"字就是从汉字"炭"演变而来的。聪明的古人很早就知道，在炼铁的时候加入一些炭，可以提高铁的强度；将炭和硫黄、硝石按一定的比例混合在一起，可以制成炸药。

·知识链接·

黑火药是我国古代的四大发明之一，它由炭、硫黄和硝石按一定比例混合而成，是一种黑色的粉末。在黄色炸药被发明并广泛使用之前，黑火药一直是战场上的大杀器。明清时期，我国制造的火炮处于世界领先水平。即使到了抗日战争时期，由于被敌人封锁，八路军还在使用由黑火药制造的手榴弹、炸药包。现在，人们已经不再用黑火药制造武器，它的主要用途是制造烟花爆竹。

黑火药

手榴弹

清朝的大炮

烟花爆竹

人类最早认识的碳，是煤炭、木炭、炭黑等黑色的粉末。其实严格地说，煤炭不是碳，是碳的化合物；木炭也不是碳，它里面有很多杂质和其他成分；炭黑是含碳化合物不完全燃烧产生的，它的主要成分才是碳，所以它也被称为碳黑。拿起你家的烧水壶（在燃气灶上用的那种，不是电热水壶哟），翻过来看看壶底，你也许会看到一层黑色的粉末，那就是炭黑。

中国古人很早就学会了通过收集焚烧动植物油脂、松树枝后凝成的黑灰来调制墨和黑色颜料的方法，并将这种黑灰称为"炱"（tái）。

远古植物

烧烤

烧柴

煤炭

碳

热电厂

墨

木炭

墨用于写毛笔字

燃烧松枝

早期的科学家们认为碳就是这种黑色的粉末状物质，并把它命名为无定形碳，直到有个化学家做了一个令人咂舌的败家实验，才使得碳的真实身份逐渐显露出来。

不惜本钱，一"碳"究竟

18 世纪，法国有一位非常著名的化学家，叫拉瓦锡。他做了一个非常大胆且简单粗暴的实验：让钻石燃烧。

是的，你没看错！听说过"烧钱"，还没听说过"烧钻石"，中国历史上因为砸珊瑚"出圈"的石崇和王恺，要是听说拉瓦锡干的事恐怕都得甘拜下风。那让钻石燃烧会有一个怎样的结果呢？回答是：没了，烧得干干净净，什么都不剩。

钻石，我们都不陌生，它是一种宝石，很小，很漂亮，很璀璨，通常被镶嵌在戒指或项链上。没错，钻石是一种经过加工

这人竟然比我们还阔气？！

的宝石，在没有被加工之前，它被称为金刚石。金刚石的英文单词"diamond"源于古希腊语"adamant"，意思是坚硬不可侵犯的物质。

天哪！天哪！居然纹丝不动！！！

金刚石不导电。因为它的硬度超级超级大，所以在工业上它通常被用于制造钻头、刀具。有句老话说"没有金刚钻，别揽瓷器活"。在相当长一段时间内，想要划破玻璃、瓷器等比较硬的材料，只有金刚石才能胜任。

金刚石是举世公认的宝石之王，又有无可替代的作用，这样的好宝贝，价格肯定不便宜啊，所以说拉瓦锡做的是一个败家的实验！这个实验尽管贵，但它在人类探索世界征程上所做出的贡献是值得肯定的！

因为拉瓦锡发现，钻石燃烧后会生成一些气体，且这些气体不溶于水，与碳燃烧后生成的气体的化学性质一样。经过进一步的研究，他发现，同样质量的钻石和碳，燃烧后产生的气体的量是相等的。根据以上这些发现，拉瓦锡认为，钻石的主要成分就是碳。

拉瓦锡的实验仿佛打开了一扇"碳"索的大门，科学家们纷纷一"碳"究竟，

金刚石

石墨

受他的启发，1786 年，另外 3 位法国科学家把石墨也点燃了，从而证明石墨的主要成分也是碳。

和金刚石一样，石墨也是一种天然矿物。不过它们的颜值可是差了十万八千里。石墨是一种深灰色有金属光泽且不透明的固体，呈细鳞片状，粉末状的石墨是黑色的，可以说其貌不扬。石墨会导电，所以通常会被用于制造电极。我们熟悉

的干电池，它的正极就是由石墨制造的。另外由于石墨是层状的，层与层之间很容易被剥离，所以用它制作润滑剂是一个不错的选择。

我们用的铅笔，虽然名字里有"铅"，但它并不是用铅做的。铅笔芯的主要成分是石墨。有科学家受到拉瓦锡实验的启发，把石墨也燃烧了一下，发现了石墨的主要成分也是碳。和拉瓦锡的实验相比，燃烧石墨的实验就算不上烧钱败家了，因为比起金刚石，石墨的价格可便宜多了。

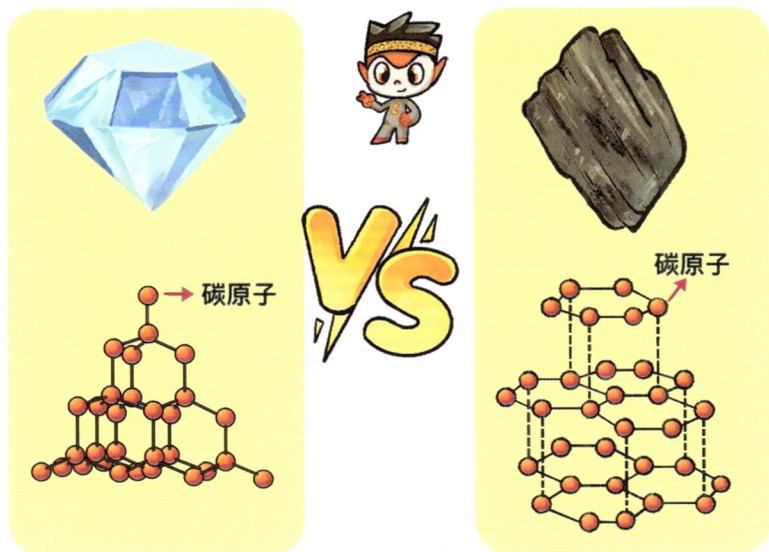

金刚石和石墨中碳原子的空间排列队形

等等！金刚石是透明的固体，不导电，非常坚硬；石墨是深灰色不透明的固体，导电，不硬，还很容易剥离。它俩的表现也差别太大了吧，说是云泥之别也不为过，可它俩又都是碳！这是不是就离谱？离大谱！

是这样的：我们前面说了碳的面孔百变，金刚石是碳，石墨也是碳，之所以金刚石和石墨相差这么大，是因为在金刚石和石墨中碳原子的空间排列队形完全不同。

金刚石和石墨均由如假包换的碳原子构成，但这些碳原子的空间排列不同。科学家把这种由同种元素构成的不同物质称为同素异形体。金刚石和石墨都是碳的同素异形体。而我们前面介绍的黑色粉末——无定形碳，由于后来被证实其内部含有多种碳的同素异形体，从而被踢出了碳的同素异形体"家族"。

安托万－洛朗·拉瓦锡（1743—1794），法国著名化学家，被后世尊称为"近代化学之父"。他推翻了古希腊的四元素说，建立了化学元素的概念，发现并命名了诸多化学元素；他给出了规范的化学物质的命名方式；他提出了化学变化中的质量守恒定律；他给出了"米"和"克"的科学定义，是化学史上一位里程碑式的人物。

点"石"成"金"的人

既然金刚石和石墨都是碳，那么它们之间是不是可以互相转换呢？这个问题对科学家来说，太有意思了！一定要试试！很快就有人发现，在隔绝氧气的情况下，把金刚石加热到 2 000 摄氏度以上，它就能变成石墨。

不过，这个实验的成功只有科学探索上的价值，在经济上肯定是血亏。那么一个"大聪明"的问题来了：能不能反过来，把石墨转化成金刚石呢？这事要是成了，那可真是"钱"途无量！两百多年来，有不少化学家投身于把石墨转化为金刚石的研究，这其中最执着的就要数法国化学家莫瓦桑了。

巧了，又是一个法国化学家？其实在 18、19 世纪，世界自然科学的中心在欧洲，不少法国科学家都在科学领域做出过杰出的贡献。

和众多化学家一样，莫瓦桑也想寻找方法将石墨转化成金刚石。在发明了莫氏电炉——当时世界上最先进的加热装置后，莫瓦桑认为，这是一个"利器"，可以完成点"石"（墨）成"金"（刚石）的壮举。于是，他设计了一个实验，并让自己的助手去完成。可惜，实验失败了。莫瓦桑并不气馁，又重新设计实验，继续让助手来做。屡战屡败，屡败屡战。终于在经历了无数次失败之后，1893年的一天，莫氏电炉里出现了一颗金刚石！

消息一出，如潮水般的厂家找上门来，差点挤破他的家门，这些厂家都想跟他合作生产金刚石。可惜昙花一现，自那之后，包括莫瓦桑自己在内，再也没有人能用这个装置造出金刚石。

直到莫瓦桑去世以后，他的助手才揭开了整个事件的真相。原来莫瓦桑一次次地让他的助手重复同样的实验，而且一直都没有成功，渐渐地把助手弄得疲惫不堪，失去了耐心。而莫瓦桑偏偏又很执着，一直没有放弃这个让他看不到头的实验。终于有一天，他的助手的心态崩了！不干了！说啥也不干了！可他又不想当面顶撞莫瓦桑，于是他想出了一个"两全其美"的主意：下次做实验，还往电炉里放什么石墨呀，直接就放一小颗金刚

快点，快点！

011

石进去，不就万事大吉了。就这样，莫瓦桑"成功"了，小助手解脱了，实验也不用再做了。

现在，我们知道，以莫瓦桑当时的实验条件根本不可能造出金刚石，要想人工制造金刚石这么硬核的东西，必须有高温和高压的硬核条件加持。20 世纪 50 年代，美国科学家霍尔等人在 1 650 摄氏度和 95 000 个标准大气压的条件下，制出了人造金刚石。这是人类首次制出人造金刚石。

随后，人造金刚石的技术不断进步。现在，工业用人造金刚石的生产技术已经十分成熟。和天然金刚石相比，人造金刚石具有纯净度高、杂质少、可定制加工、成本低等优点，有着广阔的应用领域，尤其在新一代半导体芯片的制造上，有望异军突起，帮助我国打破西方的芯片垄断。

珠宝级别的人造钻石也已经大规模推向市场。而且，和动辄数万、数十万元的天然钻石相比，人造钻石的价格十分亲民。目前，我国是世界上最大的人造钻石生产国。

曾经的足球

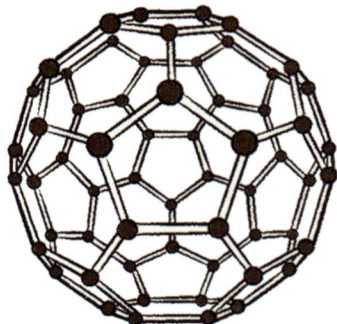

碳 60 分子

点"石"成"金"的成功，进一步激发了全世界的化学家对碳的研究热情。随后，又有多个碳的同素异形体被发现，其中名气最大的非富勒烯莫属。

通向未来

1985 年，美国科学家罗伯特·柯尔、理查德·斯莫利和英国科学家哈罗德·克罗托在实验室造出了一种很特别的碳。这种碳的分子由 60 个碳原子构成，这 60 个碳原子组成的形状很像当时的足球，所以被人们戏称为"足球烯"。当然，碳 60 分子并不是球形的，它是由 12 个正五边形和 20 个正六边形组成的多面体。

同样是由碳元素组成，且原子的空间排列与石墨和金刚石都不同，显然，这又是一种碳的同素异形体。这个"足球"有很多特别的性质，比如它比当时世界上最硬的东西——金刚石还要硬；它的延展性是钢材的 300 倍；它有时还能导电，而且比铜的导电能力还强……这简直就是一种超级材料啊！

我比金刚石还要硬！

我比铜的导电能力还强呢！！！

这么好的东西，一定要给它起个炫酷的好名字！三个人琢磨了半天，突然想到，这个"足球"和他们共同的偶像——巴克敏斯特·富勒设计的建筑很像嘛。干脆！就叫它富勒烯好了。

柯尔等三人因发现富勒烯而获得了1996年的诺贝尔化学奖。

严格地说，富勒烯并不是单指一种物质，而是一类物质的统称，它里面包括我们刚刚提到的碳60，还有碳70、碳84、碳纳米管、碳纳米洋葱等。虽然统称为富勒烯，但这些物质的"长相"各不相同，如碳60是紫红色的固体，碳70则是红棕色的固体……

富勒烯的发现，为碳增加了不少同素异形体。对于寻找碳的同素异形体的科学家来说，收获多多，一下子增加了这么多同素异形体，可对于想要利用这种超级材料的科学家来说，这么多同素异形体，可就是噩梦了。

想象一下，实验室里，科学家们好不容易制出一批富勒烯，可偏偏碳60、碳70、碳84、碳纳米管……各种碳分子混杂在一起，这些碳分子的特点各不相同，混在一起，互相影响，"超级材料"的特性一点都没体现出来，甚至连普通材料都不如。而要把这些分子按类别分开还需要花不少功夫，是不是挺让人崩溃的？这意味着，富勒烯这种材料，它的制造成本非常高，所以尽管已经问世几十年了，尽管它是一种超级材料，可到目前为止，仍然无法被广泛应用。

用胶带纸撕出来的诺贝尔奖

2004年，英国曼彻斯特大学的安德烈·海姆和他的学生康斯坦丁·诺沃肖洛夫又制造出了一种新的碳——石墨烯。严格来说，石墨烯并不能算是一种新的碳的同素异形体，它是单层的石墨。然而，石墨烯的发现，可是碳研究领域的爆炸性新闻。因为在这之前，几乎所有的理论物理学家都认为石墨烯不可能存在。

虽然是单层的石墨，可石墨烯的性质和石墨可是完全不一样。它很薄、非常坚硬，导电和导热性能特别好，并且几乎完全透明。可以说石墨烯是目前世界上最薄、最坚硬、电阻率最小的纳米材料，和富勒烯一样，它也是一种超级材料。尽管是超级材料，可海姆他们获得石墨烯的方法可一点儿也不"超级"，他们是用手把石墨烯一点点撕出来的！说来让人难以置信，简直就像一场游戏。

首先，他们把一块石墨晶体磨成大约几百层石墨层厚，这是当时实验室所能研磨出的最薄的石墨了。然后把这块薄薄的石墨贴到胶带纸上，石墨另一面再贴一张胶带纸，将它们压紧。最后把两张胶带纸撕开。胶带纸？对，就是胶带纸，家家都有的那种胶带纸。

刺啦一下，两张胶带纸上都粘了一部分石墨，显然这两边的石墨，都比最开始的那块要薄。这是迈向成功的第一步。再拿张新的胶带纸，重复上述步骤，就会得到层数更少的石墨。

不断重复这一步骤：粘上、撕开、再粘上、再撕开……

刺啦，刺啦，刺啦，刺啦……搞定！

这样也行？！

把最终得到的胶带纸放到有机溶剂里，使胶带纸溶解。然后用电子显微镜观察溶液——看哪！单层的石墨烯出现了！这样也行？看看，这样一个近乎游戏的实验，怎么看都像是闹着玩儿，没有高精尖的仪器，没有废寝忘食的工作，没有无数次失败的励志故事，居然就得出了如此重要的发现。这，这……太不"科学"了！

石墨烯的优点太多了，在很多方面都大大超越了现有材料，它可以用来制造手机屏幕、新一代芯片、高能电池，还可以用来淡化海水……这简直是一种"神仙"般的材料啊。不过，很遗憾的是，和富勒烯一样，现在生产石墨烯的技术还不成熟，离大规模投入实际应用还有一段路要走。

除了上面介绍的几种碳的同素异形体外，科学家们又陆续发现了蓝丝黛尔石、蜡石、碳纤维、碳气凝胶、碳纳米泡沫等多种碳的同素异形体，而且这些材料各有特点。没骗你吧，这么多种同素异形体，让碳的面貌五花八门，堪称化学界的"变脸王"。

第二章

碳怎么会到我的身体里？

碳不仅擅长"变脸",还无孔不入。它隐身于空气中,呼风唤雨、搅动风云;它潜伏于环境中,日拱一卒、暗中作梗,不断影响着地球的环境;碳还存在于我们的食物中,使我们的餐食更美味。碳还在我们的身体里!它是怎么进去的?

碳是自然界的"旅行家",它用自己的方式转了一个大大的圈。本章我们将跟随碳的脚步,上天入地,看看我们的身体会是它旅途中的第几站。

藏在空气中的碳

碳家族中,最让我们耳熟能详的两兄弟是碳和氧联手组成的化合物,一个叫一氧化碳,另一个叫二氧化碳。顾名思义,一氧化碳分子由一个氧原子和一个碳原子构成,它的分子式为 CO;而二氧化碳分子则是由两个氧原子和一个碳原子构成,它的分子式为 CO_2。这两兄弟都是无色无味的气体,单靠眼睛和鼻子,我们无法知道身边有没有又或是有多少它们。虽然看不见、闻不到,可这两兄弟对我们人类来说,都是有一些毒性的,一旦多了,就会对我们的身体造成严重的危害。

·知识链接·

为了方便书写,化学家们给每一种化学元素都起了一个"小名"——元素符号,看看第 3 页的元素周期表吧,在那张表格里,你可以看到所有化学元素的元素符号。

对于化合物,根据其分子构成,化学家们利用分子式对其进行描述,比如:水分子是由两个氢原子和一个氧原子构成的,它的分子式就是 H_2O;空气中的氧气,其分子由两个氧原子构成,那么它的分子式就是 O_2;臭氧分子是由三个氧原子构成的,它的分子式是 O_3。别看都是氧,由于分子式不同,氧气和臭氧的性质可是千差万别,它们也是同素异形体。

一氧化碳是化学物质中的"腹黑型选手",它无色、无味,看不见、闻不到,还有剧毒。一旦被吸入人体,它会和血液中的血红蛋白发生化学反应,让血红蛋白停止运输氧气。没有氧气供应全身,身体里的细胞就会死亡,从而让人头痛、恶心、呼吸困难……严重的还会造成死亡。

现代人都闻之色变的甲醛可以大量溶于水,如果你怀疑某种食物被甲醛污染过,用水是可以洗掉一些的;若担心装修后的房间内有甲醛,放一大盆水也是可以吸收掉一些的。但这招对一氧化碳完全没用!因为这家伙,不溶于水!

甲醛分子

通常来说，我们的生活中不会遇到一氧化碳这类"恐怖分子"。不过，如果你家是靠烧柴或烧煤炭做饭、取暖，当木柴或煤炭燃烧不充分时，就会产生一氧化碳。如果这些一氧化碳通过烟道进入房间，房间里的人吸入过量一氧化碳就会中毒，俗称煤气中毒或中煤气。在上世纪，我国北方很多家庭冬天要靠烧煤取暖，一氧化碳中毒的事件时有发生。另外，驾驶人将车窗全部密闭，并在未行驶的汽车中使用汽车空调取暖时也很容易发生一氧化碳中毒，因为汽油在不完全燃烧时会产生大量一氧化碳，这些一氧化碳很可能通过空气循环系统进入车内。

和一氧化碳相比，二氧化碳对我们的身体要友好得多。二氧化碳广泛存在于自然界中，大气总体积的 0.03%~0.04% 是二氧化碳，虽然这个占比不算高，却是大气中不可或缺的成分。二氧化碳直接参与生命体内的化学活动，动植物的呼吸作用，就是吸入氧气，呼出二氧化碳，而植物的光合作用则是吸入二氧化碳，排出氧气。

虽然我们的身体能产生二氧化碳,但少量的二氧化碳并不会让我们的身体感到不适。可一旦我们周围空气中的二氧化碳增多,必然会使氧气变少,因此二氧化碳的浓度增加会对我们造成一定的生理影响。研究表明,当空气中氧气的浓度在 17% 以下,而二氧化碳的浓度达到 4% 以上时,就会让人中毒,这时的人会产生头晕、心悸、惊厥、昏迷等症状,并且有生命危险。

头痛　　　恶心　　　呼吸困难　　虚脱　　　头晕目眩　　　昏迷

一旦发现有人一氧化碳中毒,要马上开窗通风,随即拨打 120 急救电话或紧急送医。千万不要打开排风扇或点燃明火!容易引发火灾,甚至爆炸

地窖,尤其是存放了蔬菜、水果的地窖,是最容易发生二氧化碳中毒的地方。因为那里长期处于封闭状态,而放在地窖里的蔬菜、水果会不断呼吸,从而消耗地窖里的氧气,产生二氧化碳。因此,如果你需要进入一间密闭性能很好且长期没有打

氧气越来越少了!!
二氧化碳
氧气

开过的地窖，那么一定不要打开门后立刻进去，应该等空气流通一会儿后再进入。

夏天，如果你家网购了冰淇淋或生鲜食品的话，你有没有在快递包裹中发现一些包装袋上写着"干冰"两个字？你是不是感到奇怪：冰都是水冻成的，怎么会有干的冰呢？其实干冰就是固态的二氧化碳。如果我们不断给二氧化碳气体降温，它并不会像水蒸气变成水那样成为液体，而是直接就变成固体了。这种现象叫作凝华。固体二氧化碳和冰很像，是白色的，因为不含水，所以俗称干冰。干冰可以用于保冷，它的温度在零下 78 摄氏度以下，所以千万不要用手直接接触它，当心冻伤你的手！也不要把干冰袋直接放进冰箱或扔在屋子的角落里，因为它有可能爆炸！

二氧化碳的密度比氧气要大一些，所以消防员们会用二氧化碳来灭火。在极少数情况下，二氧化碳也会被当作工业原料使用。不过在大多数工业生产中，二氧化碳都被当成废气排放到大气中。你可不要小看这些排放到空气中的二氧化碳，它对地球上的生命至关重要。

工业生产会产生大量的废水、废气和废渣,被统称为"工业三废"。废气在经过无害化处理后,会通过烟囱排放到大气,其中往往含有不少二氧化碳

小实验

猜猜看哪一根蜡烛先灭掉,为什么?

提示:氧气支持燃烧,二氧化碳不支持燃烧,同等条件下,二氧化碳的密度比氧气大。

我们身边的碳

走进你家的厨房，打开调料柜，你或许能发现一种含碳的化合物——碳酸氢钠，也就是我们常说的小苏打，它的化学式是$NaHCO_3$。厨房里为什么会放着小苏打呢？因为发面的时候加一些小苏打，会使馒头更加松软；洗水果蔬菜的时候，加一些小苏打，会更好地去除水果蔬菜表面残留的有机农药。此外，它还能去除羊奶中的膻味，绝对是厨房里的"多面手"。

·知识链接·

有些化合物，组成它们的最小单位不是分子，比如我们常见的食盐，它的化学名称是氯化钠，是由氯元素（元素符号为Cl）和钠元素（元素符号为Na）按$1:1$的比例组成的。可在固体食盐的内部，我们找不到氯化钠（NaCl）的分子，只有一些氯离子和钠离子。这个时候，再把NaCl称为食盐的分子式就不合适了，于是化学家给它起了一个新的名字——化学式。

现在，化学家们认为化学式有很多种，分子式是其中的一种。

对了！通常厨房里还有另外一种碳的化合物——碳酸钠，通常我们称它为纯碱，它的化学式是 Na_2CO_3，和小苏打相比，它的化学式中多了一个钠原子，少了一个氢原子。在没有洗涤灵的时代，人们用纯碱洗碗，可以去除碗筷上残留的油渍。南方天气潮湿，为了防止面条变质，人们习惯在制作面条时，在面粉里添加一些纯碱，有些人把这种面条叫作"碱面"。

或许你家既没有小苏打，也没有纯碱，但你一定躲不开一种不请自来的含碳化合物——水碱。水碱又叫

小苏打正在发酵馒头

$NaHCO_3$

纯碱正在洗碗

Na_2CO_3

$CaCO_3$

$MgCO_3$

水垢被白醋清理了

水垢，是碳家族中一个惹人生厌且顽固不化的家伙。通常来说，它是碳酸钙（$CaCO_3$）、碳酸镁（$MgCO_3$）及其他一些化学物质的混合体。一般情况下，自来水中会含有一些钙离子和镁离子。当水在热水壶中被加热时，这些钙、镁离子会因发生化学反应而生成不溶于水的碳酸钙、碳酸镁，这些碳酸钙、碳酸镁会沉淀在水壶底部，久而久之便形成了厚厚的水碱。

虽然在你家的水壶里，碳酸钙遭人嫌弃，可它却是组成地壳的重要一员。很多名山盛景，它们上面的石头的主要化学成分就是碳酸钙，这种石头被称为石灰岩。哎，这么一说就挺不浪漫的，我们旅游时，对着奇峰异石想象它是下凡的仙女，是神仙的宝剑……其实呀，它就是家里水壶底的水碱。

调料柜中还有不少物品也是含有碳的，比如醋的主要成分是乙酸，其化学式为 $C_2H_4O_2$；料酒中的酒精，化学家称之为乙醇，化学式是 C_2H_6O；糖罐里的白糖，化学家称之为蔗糖，化学式为 $C_{12}H_{22}O_{11}$……看到了吧，这些物品里都含有碳（也就是化学式中的 C）。除此以外，酱油、色拉油、胡椒面、番茄酱、咖喱酱、孜然粉……厨房中绝大多数的调味料里也都有碳——哦，有一个例外，那就是食盐，食盐里可没有碳。

除了厨房，家里能找到碳的地方还有不少。你家的桌椅板凳，无论是木质的，塑料的，还是钢制的，里面都含有碳；书桌上的书本、笔、尺子，乃至计算器，无一例外都含有碳；冰箱、电视、空调、计算机，还有手机，都离不开碳；窗帘、被褥、沙发巾，还有你身上的每一件衣服，里面都含有大量的碳。

可以说，碳是化学界的旅行家，它的足迹遍布我们生活的方方面面，当然，这些碳并不是以金刚石或者石墨的形式存在的，更不是黑色粉末，它们是以含碳化合物的形式存在的。碳能形成的化合物多种多样，是形成化合物种类最多的元素之一。哪怕是你我的身体里，也有不少的"碳"哟！

身体里的"碳"

没错！我们的身体里也有很多"碳"。当然，这些"碳"既不是钻石，也不是石墨烯，它们都是以化合物的形式存在的，这些化合物大多是有机化合物，也就是我们常说的有机物。

有机物最显著的特点就是它的分子中一定含有碳原子，最早的有机物是从动物、植物的体内提取出来的，这些动物、植物被统称为有机体，从它们体内提取的物质也因此得名"有机物"。化学家们建立了一门专门研究有机物的化学分支学科——有机化学。不属于有机物的物质，被化学家们统一命名为"无机物"，相对应的化学分支学科则是无机化学。

我们熟知的叶绿素、胰岛素、核酸、多巴胺……都是有机物。随着科学的发展，人们发现煤炭、石油、天然气虽然不是从有机体的体内提取的，但从化学性质上看，也属于有机物，而用含碳的无机物，比如二氧化碳等为原料，可以人工合成有机物，于是有机物的概念被大大拓展。当然，并不是所有的含碳化合物都能被称作有机物，比如前面提到的一氧化碳、二氧化碳、碳酸钠、碳酸氢钠、碳酸钙和碳酸镁等就不属于有机物。

为什么是碳？为什么有机物一定含有碳？

碳有一个独门绝技：那就是碳原子之间可以"手拉手"形成很长的原子链，2个、3个、4个、5个……直到数百万个，这么

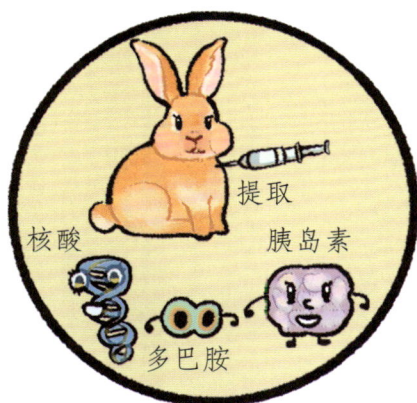

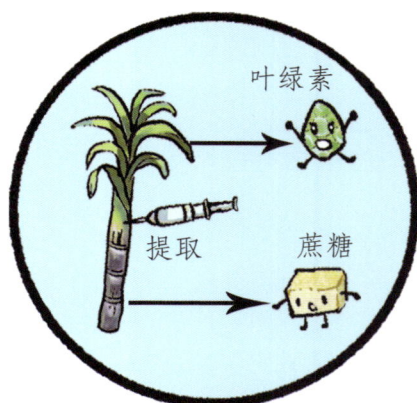

我们也想上车！

多碳原子"手拉手"连成一条长长的大长链。化学家把碳原子连成的这种大长链称为碳链。碳链上的每一个碳原子都可以再去连接其他原子或原子团，就像一根绳上挂着各种不同的礼物。绳子是碳链，每一种礼物代表其他原子或原子团。长短不一的碳链，再加上多种多样的"礼物"，造就了丰富多彩的有机物。对于地球上的生命，无论是动物、植物，还是细菌、病毒，构成生命的分子大部分都是由碳链串起的有机分子。碳链是这些有机分子的骨架，因此，碳被称为"生命的骨架"。

所有的有机物，它们的"身体"里都有这样一条碳"链"，之所以加上了引号，是因为有些有机物中的链实在是太短，只有一个碳原子，还有一些链会"打结"形成碳环。不过，没问题，那都是有机物。下表中给出了一些常见的有机物的介绍。

化学名称	化学式	分子中碳原子的数量	性质／用途
甲烷	CH_4	1	天然气、沼气、可燃冰的主要成分，常温下是无色无味的气体，极易燃烧，是一种很好的燃料，是我国大多数家庭做饭的主要能源；同时它也是一种温室气体。食草动物的屁里含有不少甲烷哟！

续表

化学名称	化学式	分子中碳原子的数量	性质 / 用途
甲醛	CH_2O	1	常温下为无色气体，浓度低时没有味道，浓度高时则有强烈的刺激性气味，对我们的眼睛、鼻子有刺激作用，是一种比较常见的致癌物，刚刚装修后的房间里容易有残留的甲醛，所以装修后要持续通风。甲醛在石油化工、制药、纺织以及能源、交通运输等行业均有广泛的用途，是常见的工业原料。
乙醇	C_2H_6O	2	常温下为无色液体，很容易燃烧。医院里使用含量为 75% 的乙醇水溶液进行消毒。乙醇俗称酒精，无论是白酒、黄酒、啤酒还是葡萄酒，里面都有它。顺便说一句，未成年人可不要饮酒哟！
乙酸	$C_2H_4O_2$	2	常温下为无色液体，温度降到 16.6 摄氏度以下时，会凝固为无色固体。将乙酸溶于水，有弱酸性和一定的腐蚀性，对眼睛和鼻子有刺激性。家里吃的醋里面就有乙酸，它是酸味的来源。
谷氨酸钠	$C_5H_8NNaO_4$	5	俗称味精，白色晶体，易溶于水。因具有浓郁的肉类鲜味，并略有甜味和咸味，成为厨师的心头好，被广泛用于各种食品加工领域。

续表

化学名称	化学式	分子中碳原子的数量	性质／用途
L－抗坏血酸	$C_6H_8O_6$	6	这就是维生素 C，是我们身体必需的一种维生素，缺乏维生素 C 会得坏血病，严重时会危及生命。蔬菜、水果中都含有大量维生素 C，多吃蔬菜、水果就可以补充身体日常需要的维生素 C，正常人只有在生病或无法吃到新鲜的蔬菜、水果的时候，才需要靠吃药来补充维生素 C。
葡萄糖	$C_6H_{12}O_6$	6	这是对我们来说最为重要的一种糖，它为生命提供能量，如果缺乏它，细胞就会死去。纯净的葡萄糖为无色晶体，有甜味但不是很甜，所以通常我们不会用它做调味剂。在医院里，如果你长期无法进餐，医生就会通过给你注射葡萄糖水溶液来补充能量。
布洛芬	$C_{13}H_{18}O_2$	13	一种很常见的药物，可以缓解疼痛、降低体温。发烧、头痛时，我们可以吃这种药物来缓解症状。不过这种药可不能长期吃哟，会对身体产生不良影响。

　　我们经常会提到的氨基酸、蛋白质、核酸……也是有机物，不过它们是一类有机物的统称。另外塑料、橡胶、皮革、布匹、纸张等也是有机物，它们是由多种有机物混合而成的。可以说，我们的生活中充满了各种各样的有机物。

　　有机物中含有大量的碳原子，因此白菜、西红柿、苹果、鱼虾、牛羊……这些有机体中也都含有大量的碳原子。那么，有机体中的这些碳原子是从哪里来的呢？对于动物来说，答案很简单：吃！吃植物或是吃其他动物，这样碳原子就顺理成章地进入动物体内。

　　那么植物呢？它们没长嘴，不吃东西呀。我们平时种花种

这我也吃不了呀！！

草的时候，也不会用煤炭、石墨、木炭之类的给它们做肥料，更不会在土里埋进一块金刚石，那花花草草中的碳又是从何而来的呢？

植物的专属大餐

"来自土壤"，古希腊哲学家亚里士多德对这个问题是这么认为的。听上去很有道理，这个观点在相当长的时间内得到了众人的支持。直到 17 世纪有人做了一个历时 5 年之久的实验，才彻底推翻了这个观点。

做这个实验的是欧洲科学家海尔蒙特。他连续 5 年观察一棵树苗的生长。首先，他在一个木桶里装上土，并且仔细称量了木桶和土壤的质量。然后，他在木桶里种了一棵重 2.5 千克的柳树

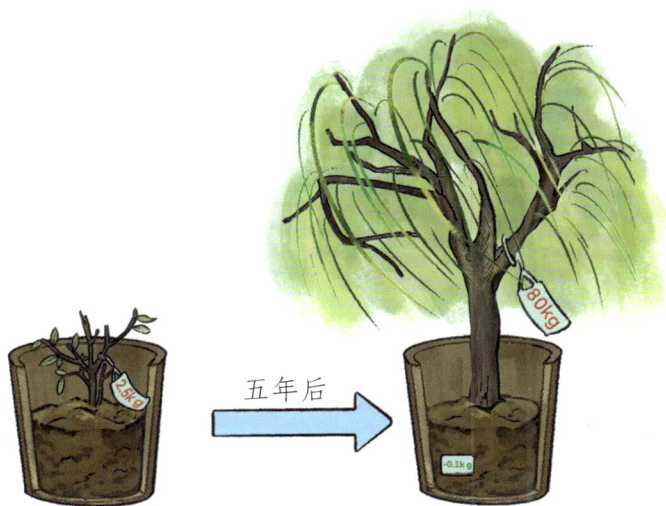

五年后

苗。自那以后，他每天都给树苗浇水，但并不松土施肥，为了防止灰尘落入，他还专门制作了桶盖，把木桶盖得严严实实的。5年后，柳树长高长大，足有80多千克重。可是土呢？木桶里土壤的质量却只减少了0.1千克！

这个结果太令人意外了！事实说明：对于植物的生长，土壤的贡献非常有限。海尔蒙特的实验让人们知道了，植物生长所需的物质大部分不是来源于土壤，那么，到底来自什么呢？

难道是每天浇的水？当然不是，水（H_2O）的化学成分太简单了，不可能是构成植物的唯一物质，更何况，水分子里也没有碳原子啊。到底碳从何而来呢？经过大约150年的探索，人们逐渐认识到，植物体内的碳来自空气中的二氧化碳（CO_2）。对，没错！就是我们前面提到

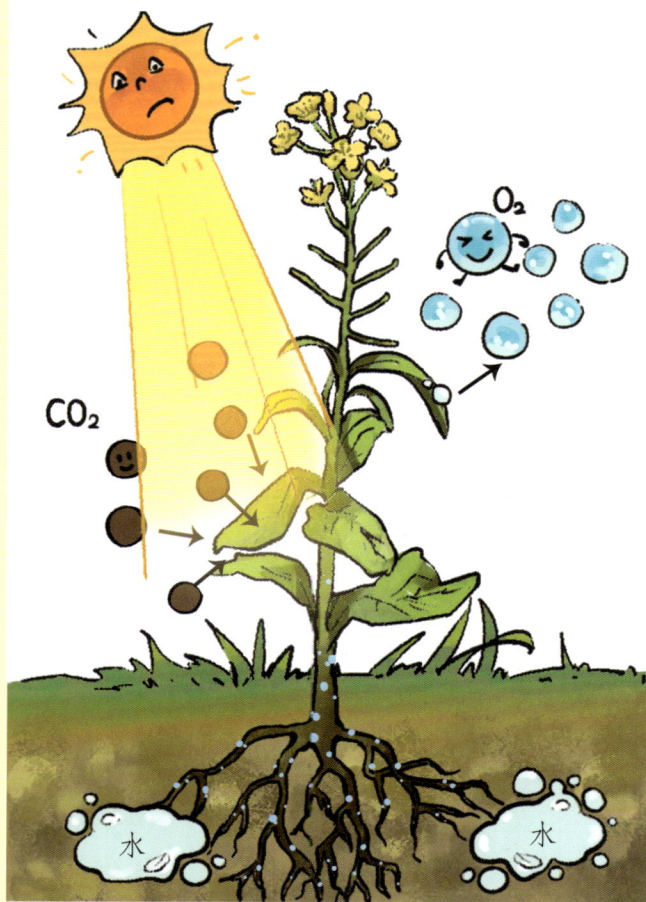

的工业中的废气——二氧化碳。尽管空气中的二氧化碳并不多,只占空气总量的 0.03%~0.04%,可它却是地球上能够存在生命的"关键少数"。那么植物是怎么把二氧化碳变成自己的体重的呢?靠光合作用。

光合作用是一系列复杂的化学反应的总和,科学家们花了大约100年的时间,才弄清了这一系列复杂的化学反应。简单来说,光合作用可以总结为用二氧化碳和水合成葡萄糖的过程。

·知识链接·

化学反应方程式简称化学方程式,是化学领域的公式。和数学公式不同,化学方程式中间的连接符号可以使用等号,也可以使用箭头,它们各自代表不同的含义,连接符号的上方要写出这个化学反应发生的条件。方程式的左边是反应物的化学式,不同的反应物的化学式之间用"+"连接;右边则是化学反应生成物的化学式,同样用"+"连接。

以光合作用的化学反应为例,它的化学方程式的标准写法为:

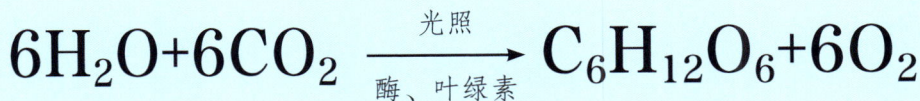

$$6H_2O+6CO_2 \xrightarrow[\text{酶、叶绿素}]{\text{光照}} C_6H_{12}O_6+6O_2$$

植物的叶子在空中摇曳，这些叶片会通过它们身上的气孔吸收空气中的二氧化碳，然后将吸收到的二氧化碳和水结合起来，在阳光的加持下，生成葡萄糖作为自己生长的营养物质，并释放出氧气。葡萄糖是植物生长必需的"能量块"，也是包括人在内的各种高级生命离不开的"基础款营养包"。另外，葡萄糖还是动植物在其体内生产其他有机物的原材料，淀粉、纤维素、蛋白质、脂肪……植物在生产这些生命必需物质的时候，都需要葡萄糖。

光合作用是绿色植物的"干饭"方式，有些微生物也具备这种特殊能力。人们甚至发现有些动物也"练就"了这项技能。不过绝大多数动物是无法像植物一样原地不动地享用阳光下的"免费午餐"的，它们只能靠自己勤劳的"双手"去获取食物。这些动物必须通过吃植物、微生物或其他动物来获取葡萄糖和其他养分。可以毫不夸张地说，植物通过光合作用或直截了当或拐弯抹角地"喂养"了地球上大大小小的各种生命。如果没有光合作用，地球上就不会有一草一木，不会有任何动植物，当然也不可能有人类。

除了葡萄糖，光合作用的另外一个产物是氧气。氧气对我们同样十分重要，我们无时无刻不在呼吸，而吸入身体的正是氧气。我们周围的空气中，氧气的含量是21%，这在宇宙中是十分罕见的，至少在目前人类观测到的恒星、行星中，没有哪一颗星球像地球一样含有如此多纯净的氧气，因为纯净的氧气很容易与其他物质发生化学反应。地球上之所以有如此多的氧气，都是亿万年来光合作用的功劳。假如有一天,我们发现某颗行星上存在大量的氧气,那我们有理由相信,这颗行星上应该存在能进行光合作用的生命。可以说,没有光合作用,就不会有现在生机勃勃的地球。

·知识链接·

除了植物以外,有一类叫作蓝藻的生物也可以进行光合作用。你在肮脏的河湖表面,有时候会看到绿色的、成片的、有腥臭味的漂浮物,它们很可能就是蓝藻。这种水面上出现大面积蓝藻的现象被称为"水华"。

蓝藻处于食物链的底层,是各种浮游动物,乃至鱼类的食物,它们既不是动物,也不是植物,是一类最简单、最原始的单细胞生物,它们连细胞核都没有进化出来。然而,就是这样一类非常简单、原始的小家伙,却成了地球上最早掌握光合作用的生物。

蓝藻广泛生活在世界各地的江河湖海之中,甚至有些种类的蓝藻还可以在湿润的土壤中生存。通常来说,在干净的水域中,由于其他生物的限制,蓝藻不会大规模繁殖,因此不会出现水华现象,我们根本看不到它们。可一旦出现水华,那就说明水中富含有机物,这时蓝藻就会大量繁殖。这些大量繁殖的蓝藻在呼吸的过程中不断消耗水中的氧气。白天,蓝藻的光合作用会产生氧气,补充它们的消耗,但到了夜晚,光合作用停止,

不再补充氧气，水中氧气的含量会大大降低。鱼、虾等生活在水中的生物则会因为缺氧而大量死亡。

看到了吧，我们身体里的碳其实来源于空气中的二氧化碳，这么看二氧化碳好像也不完全是废气啊。这时，一个问题出现了，地球上那么多的植物，每天都呼呼地吸二氧化碳，会不会哪一天把二氧化碳吸干净啊？如果那样的话，植物们不是都要被饿死了吗？

不用担心！因为地球上的二氧化碳会在经历一场神奇的旅程后，再次回到空气中。

碳的旅程

光合作用的原料是二氧化碳和水。显然，地球上的水是不少的，地球表面有约 71% 的面积被水覆盖，四大洋里都是水，几块大陆上也有众多的河流和湖泊,因此不用担心水不够。那二氧化碳够不够用呢? 毕竟空气中只有 0.03%~0.04% 的二氧化碳,会不会有点少呢? 看上去确实不多,不过也够用了! 因为所有的二氧化碳都不是一成不变的,而是在大气、动植物的身体内以及名山大川中不断循环,这个过程被科学家们称为"碳循环"。通常,科学家们认为:碳循环主要有两类,一类是生命体中的碳循环,一类是地球岩石圈中的碳循环。

植物通过光合作用,将空气中的二氧化碳和水合成为葡萄糖,并以此为原料生产各种有机物。动物则靠进食植物补充有机物。在这个过程中,生命体把空气中的二氧化碳变成有机物,会使空气中的二氧化碳减少。

可无论是植物,还是动物,它们在生长过程中都需要大量的能量,这些能量从何而来呢? 来源于它们体内的有机物,动植物通过分解体内的有机物来获得能量,这个过程和光合作用是相反的,会吸收氧气,释放二氧化碳。这就是呼吸作用,它的化学方程式是:

$$C_6H_{12}O_6+6O_2 = 6H_2O+6CO_2$$

当然,在这个过程中,只有一部分动植物体内的有机物被转化为能量,其他大部分有机物还是随着动植物的生长变成了它们身体的一部分。呼吸作用所释放的二氧化碳要小于光合作用吸收的二氧化碳。

动植物不断生长,不断重复前面的过程,直到它们死去的那一天。死后，它们体内的有机物一部分会被其他动物吃掉，而另一部分则会被微生物分解，最终又变成了二氧化碳排入大气。

在这个过程中，二氧化碳变成葡萄糖，又变成各种有机物，然后又被分解为葡萄糖，最终又变回二氧化碳。在这个过程中，生命经历了一次生老病死，二氧化碳"出走半生"经历一番变化，"归来"还是那个二氧化碳，这个历程就是生命体中的碳循环。

我们说碳是自然界的"旅行家"，不仅是它的旅途风景囊括

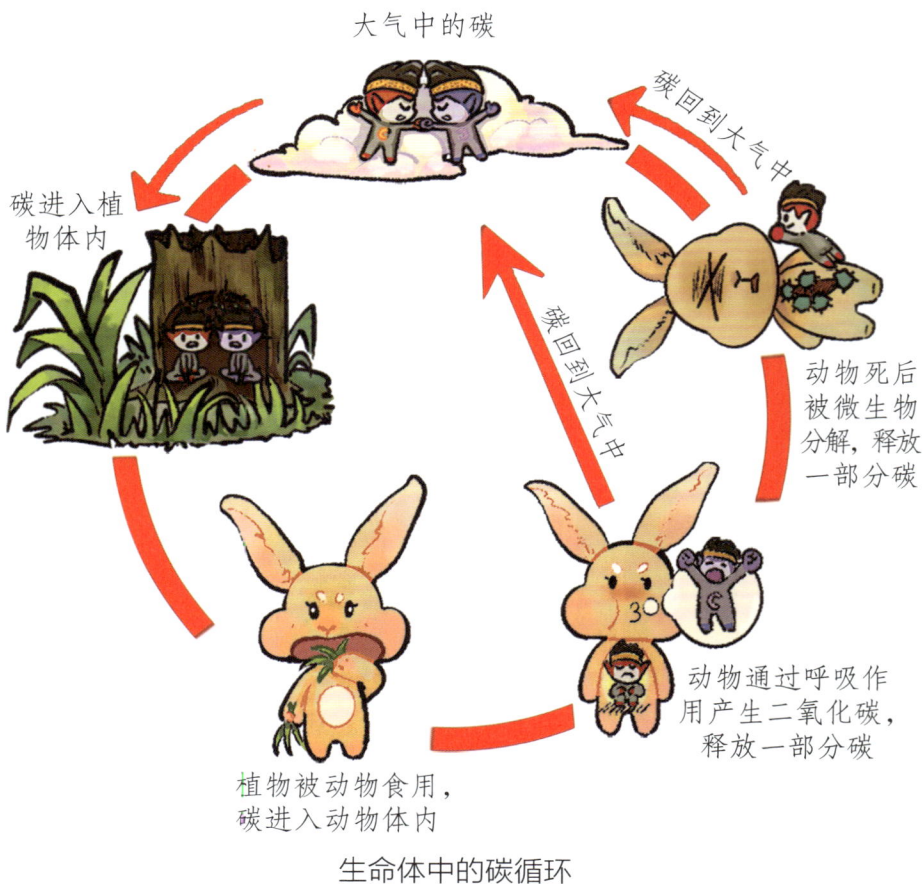

大气中的碳

碳进入植物体内

碳回到大气中

动物死后被微生物分解，释放一部分碳

碳回到大气中

动物通过呼吸作用产生二氧化碳，释放一部分碳

植物被动物食用，碳进入动物体内

生命体中的碳循环

了植物的枯荣繁败，记录了动物的生老病死，就连名山大川也是它"碳"险旅途中的必打卡项目。

地球的表面有很多大大小小的石头，特别是山上更是石头的天下了。这些石头中有相当一部分的化学成分是碳酸钙、碳酸镁等，它们也被称作石灰岩。空气中的二氧化碳溶于水后，会与这些石灰岩发生化学反应，这样岩石的一部分就变成了可溶于水的碳酸氢钙、碳酸氢镁，这个过程的化学方程式是：

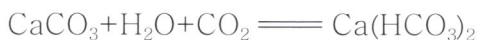

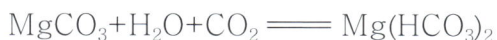

$$CaCO_3 + H_2O + CO_2 == Ca(HCO_3)_2$$

$$MgCO_3 + H_2O + CO_2 == Mg(HCO_3)_2$$

碳酸氢钙、碳酸氢镁能够溶于水，并随着水流走，那么岩石是不是就空了一小块呢？没错！所谓"水滴石穿"说的就是这样

水滴石穿

溶洞内的钟乳石和石笋

一个过程，我们看到的各种溶洞也是这样形成的。

这些溶于水、跟着水流走的碳酸氢钙、碳酸氢镁并不会一成不变，也许在另外一个地方，条件合适时，它们又会变成石灰岩，并释放出二氧化碳，这个过程的化学方程式是：

$$Ca(HCO_3)_2 \xlongequal{} CaCO_3 \downarrow + H_2O + CO_2 \uparrow$$

$$Mg(HCO_3)_2 \xlongequal{} MgCO_3 \downarrow + H_2O + CO_2 \uparrow$$

通过这样一个过程，石头"搬了家"，二氧化碳也完成了一次循环。这个过程是十分缓慢的，新"生长"出来的石头也是慢慢长大的，其中从上往下长的叫钟乳石，从下往上长的叫石笋。通常，我们能在溶洞内找到钟乳石和石笋。

·知识链接·

翻开元素周期表，你会在第 2 列，也就是第 ⅡA 族上找到紧挨着的钙（Ca）和镁（Mg）两兄弟。它们都是金属元素，化学性质十分活泼，因此我们很难在自然界找到金属钙或者金属镁，只能找到它们的化合物。因为化学性质十分相似，所以能够找到钙的地方，一般都能找到镁，反之亦然。

地球上钙的含量远远大于镁的含量，钙是地壳中含量排名第五位的化学元素。生命体中也含有钙，贝壳、骨骼、牙齿等都含有大量的钙。小朋友如果缺钙，不仅个头长不高，还容易患病哟。

　　碳的这一番操作赋予了地表"骨骼清奇"的样貌，地质学家们称之为岩溶地貌，欧洲地质学家最早在克罗地亚的喀斯特高原上发现了这种地貌，所以国际上又把这种地貌称为喀斯特地貌。喀斯特地貌在世界上分布十分广泛，我国贵州兴义的万峰林，云南的昆明石林、罗平峰林，广西桂林的漓江山水，湖南张家界的黄龙洞等都是典型的喀斯特地貌。

　　还有一些碳酸氢钙、碳酸氢镁会随着河流流入大海，变成碳酸钙、碳酸镁沉淀在海底，并最终成为新的石灰岩。这就是二氧化碳在地球岩石圈中的循环。

　　随着人类工业化的进程，我们也加入到这个碳循环中。当然，这里所说的"加入"并不是指我们的生命活动，作为生命体，我们一直都在碳循环之中。在地球漫长的历史中，并不是每一个生命在死后都会被微生物分解的，有一些生物残骸会因为特殊原

石灰岩与二氧化碳和水发生化学反应后，被水带入河流

二氧化碳

吐出二氧化碳

汇入大海

沉入海底形成岩石

因被掩埋在地下，经过漫长的演变，最终形成煤炭、石油、天然气。所以总体上讲，现在大气中二氧化碳的浓度比远古时代要低很多，因为大量的二氧化碳变成了有机物，被埋到了地下。

18世纪以来，人类进入工业化时代，我们把埋藏在地下的煤炭、石油、天然气开采出来，通过燃烧它们来获得能量。这些矿物燃烧后都会产生大量的二氧化碳。前面说了，二氧化碳对于人类工业来说，没有多大的用处，所以这些二氧化碳都被当成废气排放到了大气当中。我们开采石灰岩等一些矿石用于工业生产，在加工这些矿石的过程中，也会向空气中排放二氧化碳。这些活动，都大大增加了大气中二氧化碳的浓度。据统计，人类的活动，尤其是工业化活动，已经累计向大气中额外排放了数千亿吨的二氧化碳。

第三章

地球为什么会"发烧"?

- 河南曾经有大象？
- 升高 1 摄氏度要紧吗？
- 碳从哪里来？

本章我们将揭晓，到底是谁让地球温度升高，抽丝剥茧分析温度升高的原因。

经历了 46 亿年的漫长历史，地球温度会是一成不变的吗？温度升高对地球来说是一场空前危机，还是小菜一碟？

在本章中，我们将直面问题，肩负起历史的重任。如果气温升高真的是一场危机，我们有什么能做的，又做了什么，打算做什么？

我们已经认识了这么多种碳，到底谁才是导致地球温度上升的罪魁祸首呢？

答案是：二氧化碳。

空气中二氧化碳浓度增加就会让地球"发烧"吗？

答案是：会！

作为太阳系的一员，地球一直沐浴在太阳光中，太阳照耀着大地，不断送来光和热，这些光和热被地球吸收，会引发地球温度的上升。可实际上，地球的温度是相对稳定的，并没有不断上升，这是为什么呢？因为地球在吸收太阳带来的光和热的同时，也在不断向宇宙释放热量。

任何物体都在不断释放热量，温度越高，释放就越猛。地球的平均温度在 15 摄氏度左右，当然也会释放自己的热量。不过与太阳不同，地球的温度比较低，并不会发光，它辐射的热量以红外线为主。

而我们的主角——二氧化碳特别擅长吸收红外线，换句话说，地球向宇宙空间释放的热量，有一部分被二氧化碳吸收了。本来这也没什么，就像我们在冬天睡觉需要盖被子一样，二氧化碳吸收一些地球释放的热量，正好可以给地球保温。可糟糕的是，随着工业的不断发展，地球上的工厂越来越多，造出来的机器和大楼也越来越多，需要的能源比如石油、煤炭就会越来越多，排放的二氧化碳也就越来越多，包裹地球的"被子"越来越厚，当然地球的温度就会越来越高啦。

2023年7月4日，地球平均气温达到了17.18摄氏度，比工业化前地球的平均气温高出近2摄氏度。整个地球能达到这样的温度，除了与此时的北半球处于夏季这个因素有关外，还与大气中二氧化碳的增加息息相关。

地球温度高一些，有什么问题吗？对地球来说，可能还真不是什么大问题！地球的主要成分是岩石，对它来说，温度高一些、低一些，都算不得什么大事。在地球46亿年的漫长历史中，地球的温度不是一成不变的，高高低低，变化过很多次。

河南曾经有大象？

假如我们能穿越回到恐龙称霸地球的白垩纪，那时地球的样貌和现在大为不同。

那是距今1.45亿年至距今6 600万年的一段时期。那个时期，大气中氧气的含量是现今的1.5倍，二氧化碳的含量则是现在的6倍，年平均气温接近20摄氏度。如果你对这个数字没有概念，那这里做一个比较："春城"昆明2021年的年平均气温还不到18摄氏度。比起现在，那时的地球又湿又暖。

在白垩纪，由于气温高，南北极没有厚厚的冰川，海平面比现在高不少。气温高、空气中水分含量高，再加上二氧化碳充足，植物们可高兴了，"食物"丰富，当然越长越大、越长越高。与此同时，以植物为生的动物，同样食物丰富。所以在那个时候，无论是动物还是植物，普遍长得体形巨大。那时地球上植物繁茂，森林覆盖率很高，各种裸子植物、蕨类植物、恐龙成为陆地上的霸主，十多米长的沧龙、肋生双翼的翼龙分别在海洋和天空中恣意游荡。而此时我们人类的祖先——哺乳动物，因为个头比较小，只能生活在洞穴里，在恐龙的阴影下求生。

可到了第三纪末期至第四纪初期，地球的画风变了：地球温度低得连亚洲、欧洲和北美洲北部都被厚厚的冰川覆盖，就连赤道地区，稍微高一些的山上都常年覆盖积雪。这些冰川改变了地

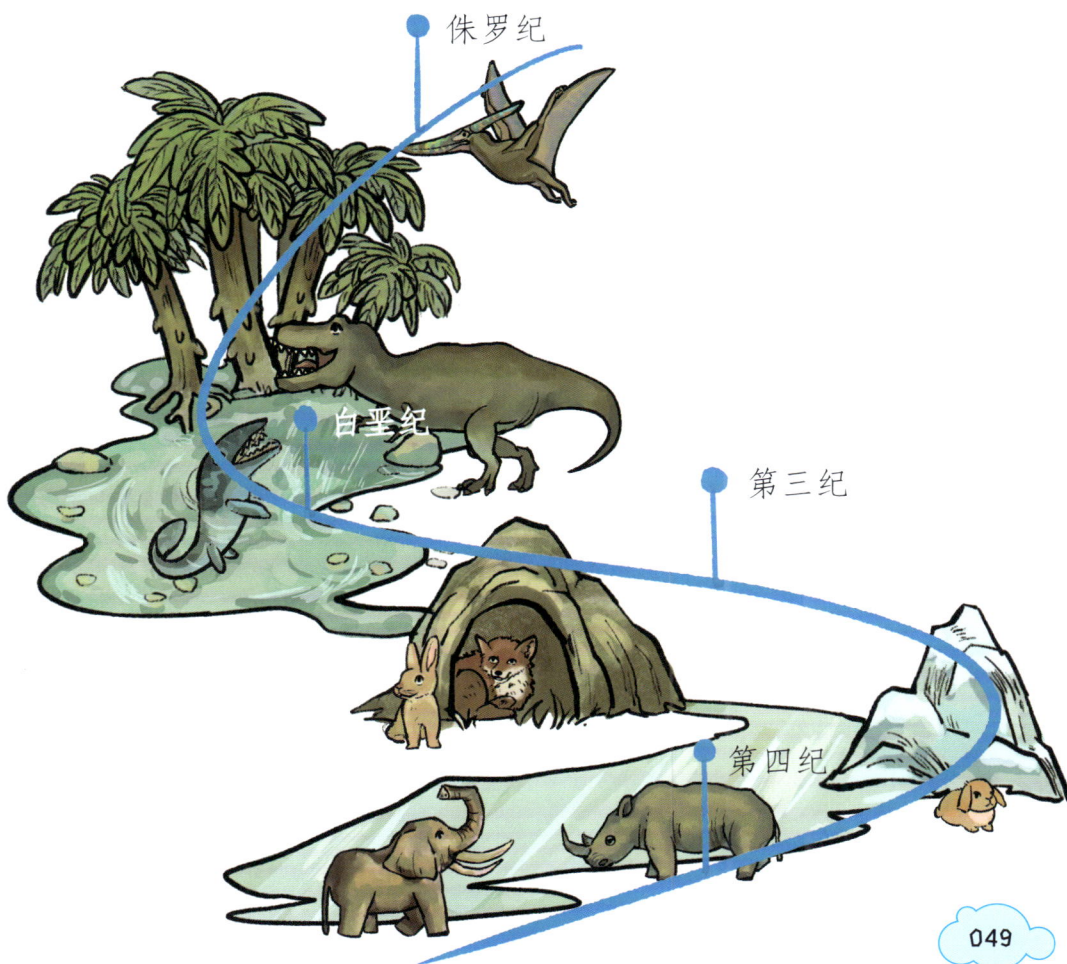

侏罗纪

白垩纪

第三纪

第四纪

表的形态，直到现在，我们在有些地方还可以看到它们的痕迹，科学家们称这些冰川为第四纪冰川。

此时地球温度较低，大气中氧气和二氧化碳的含量降低，地球上也没有那么多大型的动植物了。恐龙早已灭绝，马、羊、兔子、犀牛、大象、熊等哺乳动物逐渐统治大地。尽管这其中有些动物对我们来说仍然是庞然大物，但和恐龙相比，已经是小不点了。

看到了吧，地球温度的变化，对动植物的影响如此巨大，而这种温度变化对人类的影响也是极其巨大的。

1972 年，我国著名的气象学家、地理学家竺可桢院士发表了一篇名为《中国近五千年来气候变迁的初步研究》的文章。在这篇文章中，他详细分析了近 5 000 年来气候的变化趋势，从他的分析中可以看出，气候的变化对人们生产生活乃至王朝更替的影响。

竺可桢院士详细翻阅了我国历史上关于气候变化的文献，发现我国历史上出现了四次气候温暖期和四次气候寒冷期。

第一次气候温暖期是在公元前 3 000 年到公元前 1 000 年，也就是从五帝至夏商时期。当时的黄河流域，主要是现在的陕西、山西、河北、河南、山东等省所在地，年平均气温比现在高 2 摄氏度左右。可别小看这 2 摄氏度，它对环境造成的影响可谓十分巨大。那个时候的黄河沿岸四季常青，还有很多大象在活动，在殷墟遗址中就出土了亚洲象的遗骨。现在河南省的简称"豫"取自古代九州之一的豫州，"豫"字最早由"邑"字和"象"字组成。"邑"的意思为城市，所以"豫"的意思为有象活动的城市。由此可见，那时的气候是多么温暖。

气候温暖必然会导致降水增加，从而使得洪水泛滥。大禹治水的故事就发生在那个时期。不仅仅是中国，世界其他古人类文明都有大洪水的记载，可见在那一时期，全球气候都处于温暖时期。

随后，西周时期，出现了第一次气候变冷，长江都有结冰的记载。天气冷时，北方的游牧民族首先会遇到食物不足的问题。另外，那时生产力低下，房屋质量差，也无法大规模开采煤炭用于冬季取暖。在这种情况下，北方游牧民族必然会南下，寻找温暖的地方生活。这必然会和当时地处中原地区的周朝发生冲突。这一时期所铸造的青铜器上出现了"中国"两个字，这可以认为是在外部压力下，中华民族凝聚力的初步形成。

第二次气候温暖期从春秋战国时期一直持续到东汉时期，这无疑是我国历史上的一段辉煌时期，现在，我国的主体民族——汉族中的"汉"字，正是来源于这个时期的汉朝。

紧接着，气候第二次变冷，这一时期跨越了魏晋南北朝。当时的平均气温比现在低 2~4 摄氏度。从历史课上我们知道，这一时期北方游牧民族大规模南下，与中原地区的农耕民族发生长时期的战争，国家长期分裂为南北两部分，中原文明的核心从黄河流域向长江流域转移。可以说，这次气候变冷对我国的政治、经济、文化都产生了深远的影响。

无独有偶，这一时期的欧洲，生活在北方的日耳曼人同样南下，覆灭了西罗马帝国，建立了日耳曼人的国度。现今的挪威人、丹麦人、瑞典人、冰岛人、德意志人、奥地利人、瑞士人、荷兰人、弗拉芒人、卢森堡人等都是日耳曼人的后裔。

第三次气候温暖期出现在隋唐至北宋时期。这又是一个中华文明的黄金时期。当时长安所在的关中平原，有茂密的森林、丰饶的物产，是绝对的世界经济中心，各国商人往来不绝。唐朝初期统治者北伐接连成功，占领了大片北方领土，应当说，这些成就的取得同温暖气候奠定的经济基础不无关系。

紧接着，又发生了一次大规模的气候变冷，契丹、女真、蒙古等少数民族先后崛起，一次次南侵，进一步推动了长江流域经济的发展。自此以后，长安这个曾经的世界第一大都市，再也没

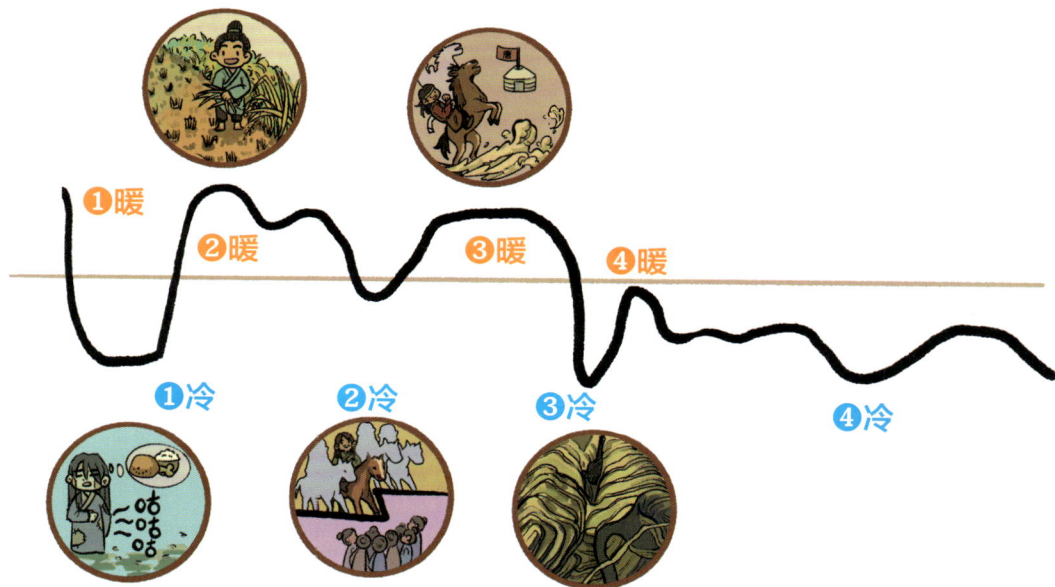

❶暖　❷暖　❸暖　❹暖

❶冷　❷冷　❸冷　❹冷

能恢复往日的荣光。其所在的黄土高原也因为温度降低、降水量减少而变得贫瘠，一度成为我国水土流失最为严重的地区。

随后，气候逐渐变暖，到明末清初，气候又再一次变冷，不过这一轮的变化并没有前面几次显著。

·知识链接·

在我国历史上，发生过多次朝代更迭。这些朝代更迭各有原因，有的是统治者对底层百姓的剥削压迫过于严重，使得百姓揭竿而起；有的是北方少数民族的入侵；有的是统治阶级内部不同势力之间的争斗。

客观地说，气候因素只是一个次要因素，是外因。不要把它当成朝代更迭的主要原因。

根据上面的分析不难发现，气候变化对一个国家政治、经济、文化的影响有多大。在社会生产力不够发达的古代，粮食产量的高低直接影响到人的生存。气候变冷会导致降水减少，适宜耕种的土地也会因此减少，从而导致粮食产量减少，没有饭吃的人为了活下去就会铤而走险，吃不饱饭的部落或族群就会发动战争。尤其在北方地区，气候变冷会使得生活在这里的人们难以过冬，从而向南方迁徙。

可见，气候的变化在历史的发展中绝对是不可忽视的因素。

升高 1 摄氏度要紧吗?

进入现代社会以后,人类的农业生产技术有了巨大的进步,粮食产量也不断提高,气候变化对粮食生产已经不是决定性的因素了。同时,由于煤炭、石油、天然气的大规模开采和建筑保温技术的提高,寒冷不再是人类无法对抗的"劲敌",终日被冰雪覆盖的南极洲上也有了科考队员长期驻扎的身影。那么在这种情况下,温度上升对我们人类来说,还有那么大的影响吗?

答案是:当然有!气候变化的后果很严重。

全球平均气温每升高 1 摄氏度,大气中的水蒸气会增加约7%,这会使得极端天气出现的概率大大增加。其实,也许你也能感觉到,现在不仅越来越热,而且像大旱和暴雨这样的"奇葩"天气也多了起来。动不动就在新闻里看到哪个地方遭遇了"几十年一遇"的大旱、暴雨、热浪、暴雪,场面触目惊心!这种叫作极端天气事件。中国气象局的专家告诉我们,随着地球平均温度的升高,各种极端天气事件不仅会频发、广发、强发,甚至还会并发。就是说,可能先是大旱,接着又暴雨;或者这里大旱,那里暴雨。世界气象组织已经发出警告:人类不可避免地要迎接"更热、更旱、更涝的未来"。

地球平均气温升高的危害还有冰川融化。科学家们已经发现:北极附近的冰面在不断减少,南极的冰盖也在快速融化,北半球的格陵兰岛的冰盖融化速度正在加快,南极大陆的威尔克斯地的冰盖也在加速融化，俄罗斯的永久冻土开始解封……而冰川融化最直接的后果就是海水增加了，于是，海平面上升了。

翻开地图，我们就不难发现，那些闻名遐迩的大城市，比如我国的上海、香港、天津、广州，国外的新加坡、东京、阿姆斯特丹等城市都临海。海平面上升会对这些沿海城市造成巨大威胁。以我国北方的天津市为例，其东南部沿海地区的海拔只有3米多，假如海平面上升1米，天津的大片土地将被海水淹没，而如果海平面上升4米，那么天津市将不复存在，只有西北部的少量土地能留存下来。想想，多么可怕！

人类自古以来都是逐水而居。大约15世纪开始的大航海时代和18世纪开始的工业化乃至随后全球化的发展，人类越来越依赖以海洋运输为主要手段的国际贸易来发展经济。这让沿海城

大旱

又升了1摄氏度！

冰盖融化

港口城市被淹

冰川、冻土中的病毒被释放

市成了"香饽饽"，上海、香港、新加坡等一大批城市在这个过程中脱颖而出，成为世界级大都市。这些沿海城市，不仅人口密集，也是地球上最为繁华富庶的地方，一旦被淹没，实在是人类文明的重大损失！

不仅如此，在南、北极的冰川、冻土地带，冰封着一些远古时代的细菌、病毒，这些细菌、病毒在当年可能威风一时，但随着被冻进冰块，它们再也无法为非作歹。而它们的生命力极其顽强，哪怕被封冻几千几万年，也不会死掉。可一旦全球变暖，冰川、冻土解冻，这些细菌、病毒也会被释放出来。而人类从未与这些细菌、病毒打过交道，当然也不会有什么抵抗力，更没有什么特效药。这些细菌、病毒可能会引发大规模的传染病，给人类带来不可估量的损失。

因此，保护好地球的环境，控制地球的气温，让它不再上升，就是保护我们自己，而要想控制全球气温不再上升，就必须控制二氧化碳的排放。

碳从哪里来？

要想控制二氧化碳的排放，就要明确地知道这些二氧化碳是怎么被排放到大气中的。当然，这里说的二氧化碳排放，指的是工业化以来，人为增加的二氧化碳排放，我们呼吸所排放的二氧化碳属于自然排放，不在这个范围之内。人为增加的二氧化碳主要有以下三个来源。

　　第一个来源是化石能源的大量使用。化石能源指煤炭、石油和天然气。人们通过燃烧这些化石能源来发电、取暖，它们是人类使用最为普遍的能源。煤炭、石油和天然气都是有机物，它们燃烧时都会释放出大量的二氧化碳，其中煤炭释放得最多，天然气释放得最少。燃煤发电是世界上最主要的发电方式，其发电量曾经占到全世界总发电量的90%以上。现在，随着新能源的发展，燃煤发电所占比例在逐渐下降，但由于其拥有成本低、发电功率

化石能源的大量使用

碳从哪里来？

工业生产中产生的二氧化碳　　　交通运输中产生的二氧化碳

可控、不受自然条件影响等优点，仍是许多国家电力工业的首选。

　　第二个来源是工业生产中产生的二氧化碳。在很多工业领域，比如钢铁、水泥、化工、制药等会产生很多含有二氧化碳的废气，这些废气在经过一定的处理后会被排放到大气中，但通常二氧化碳不会被处理，会被排放到大气中。

　　第三个来源是交通运输中产生的二氧化碳。无论是汽车、火车、轮船、飞机还是各种工程机械、农业机械，大部分都是以汽油、柴油等作为能源的。汽油和柴油都是从石油中提炼出来的，也属于化石能源，在它们燃烧的过程中，同样会产生二氧化碳。全球化的经济发展模式，让人类获得巨量的财富，同时也导致人员和物资在全球的范围内大规模流动，大大增加了交通运输量，同样也消耗了大量的化石能源，排放了大量的二氧化碳。

　　除此以外，大规模砍伐树木也会导致大气中二氧化碳的含量增加。我们知道，以树木为代表的绿色植物，会通过光合作用吸收大气中的二氧化碳。而随着人口的不断增加，人类会不断地砍伐树木以获得工业和农业所需要的土地和原材料。以地球"绿肺"——位于南美洲的亚马孙热带雨林为例，仅 2022 年 1~7 月，其面积就减少了 3 988 平方千米，大约相当于 5 个纽约的面积。树木少了，意味着自然界吸收二氧化碳的"得力干将"少了，那么显而易见，大气中的二氧化碳就变多了。

　　可见，要想减少大气中的二氧化碳，就必须从以上几个方面入手。

第四章

真的只是一个环境问题吗？

- 也要算算历史账
- 他们就是"放空炮"
- 大国担当
- 高瞻远瞩，提前布局

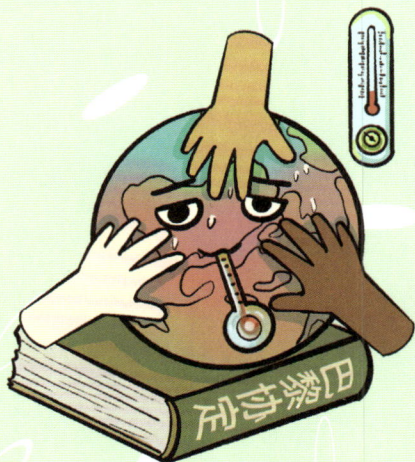

既然二氧化碳是地球升温的罪魁祸首，那么我们只要减少二氧化碳的排放，是不是就可以抑制地球升温的趋势呢？

理论上说当然可以，可是实际操作时，你却会发现，没有那么简单。

如果班里有的人自己抄完板书，就要擦黑板，自己写完作业，就不让教室里开灯。这是不是不合理？

任何人只要活着，就不可避免地要占用资源。是不是为了保护环境，上晚自习时都不开灯啦？做数学题，都不能用草稿纸啦？

发展和环境之间的矛盾，不单是体现在个人身上，同时国家也面临着这样的矛盾。那又该如何解决呢？

本章我们将放眼世界，翻开历史，追问：减排、碳中和仅仅是一个环境问题吗？

20世纪后半叶，人们已经意识到了全球气候变暖对人类社会的影响，并希望各国减少二氧化碳排放。"减排"成为了各类国际交流中的热词。随后，《联合国气候变化框架公约》《京都议定书》《巴厘路线图》《巴黎协定》等一系列应对气候变化的协议被签署。看上去世界各国众志成城，一定要把气候变化控制住。然而令人遗憾的是，协议签是签了，但执行效果却不尽如人意。

前面我们谈到了，燃烧煤炭、石油、天然气等化石能源，以及许多工业产品的生产过程中都会排放二氧化碳，要想控制二氧化碳的排放，必然要控制化石能源的使用，或使用可替代的绿色能源。这话说起来容易，做起来可没那么简单。不让烧煤，不许烧石油、天然气,那大批工厂怎么开工?机器靠什么转动?都用电吗?好吧,那我们不禁又要问了,这电又是从哪儿来的呢?

假如工厂无法开工,工人们怎么生活?限制煤炭、石油和天然气的使用,无疑会影响一个国家经济的发展,尤其是对发展中国家来说,这可以说也是一种"卡脖子"!

不仅如此,部分西方国家还把气候问题当成一种制约发展中国家的手段,他们希望发展中国家为他们生产工业产品,同时还要给他们缴"碳税"!

也要算算历史账

1997 年 12 月,149 个国家和地区的代表在日本的京都签署了《京都议定书》,它规定在 2008 年到 2012 年间,主要工业发达国家的温室气体排放量要在 1990 年的基础上平均减少 5.2%;同时,也提出了碳排放权交易的概念。比方说,今年 A 国的碳排放量不多,低于国际给 A 国分配的碳排放指标,而 B 国的碳排放量多,分配给 B 国的碳排放指标根本不够用,那么此时 B 国就可以向 A 国购买该国用不完的碳排放指标。用什么购买呢?当然是用钱!

每个国家的碳排放指标又是怎么定出来的呢?仅仅按人口数来算么?那样的话,每个国家的发展阶段不同,就像在一个班里,每个人学得快慢不同,先写完作业的人如果要关掉教室的灯,这合理吗？现在的发展中国家还处在工业化的进程中，他们需要开工厂、造钢材、造水泥、造家电、造机器、砍伐木材，甚至把一些原来的农田绿地变成城市……用这样的方式争取过上好日子，这样的国家二氧化碳排放量必然就比较大。而已经完成工业化的发达国家，实现了产业升级和转型，他们不再辛苦地造东西、建城市、铺路搭桥了，他们已经转型从事金融业和服务业，这样的国家必然排放得少。

如果不区别发达国家和发展中国家，按同一比例制定碳排放指标，那么意味着发展中国家要想实现工业化，不断向前发展，就必须向发达国家购买碳排放权，换句话说，就是向发达国家缴"碳税"！而发达国家则完全可以靠自己的科技实力、经济优势，把一些碳排放高的产业转移到发展中国家，减少本国碳排放的同时，还能节省出一些碳排放权卖出去，真是一举两得！

既然要仔细地算算碳排放的账，那么我们不能只算以后的账，还应该算一算以前的账。发达国家率先开始工业化，在过去200多年的工业化过程中，一直都在向大气排放二氧化碳。科学研究表明，全球气候变暖是温室气体累积排放的结果。二氧化碳可以在大气中长时间存在，即便是数百年前排放的温室气体，依然在影响今天的地球气候。2021年的一组数据显示：美国是全球累计温室气体排放量最多的国家，人均碳排放量是全球平均水平的3.3倍。相比而言，中国作为制造业大国，目前人均碳排放量不到美国的一半，人均历史累计排放量约为美国的八分之一。

正是考虑到发达国家和发展中国家不同的历史责任、发展阶段和现实能力,《联合国气候变化框架公约》明确了发达国家和发展中国家承担"共同但有区别的责任"。

他们就是"放空炮"

2016 年,178 个国家共同签署《巴黎协定》,此次协议的目标是通过全世界各个国家的努力,在本世纪末,将全球平均气温的上升幅度(和工业化之前相比)控制在 2 摄氏度以内,最好能控制在 1.5 摄氏度以内。

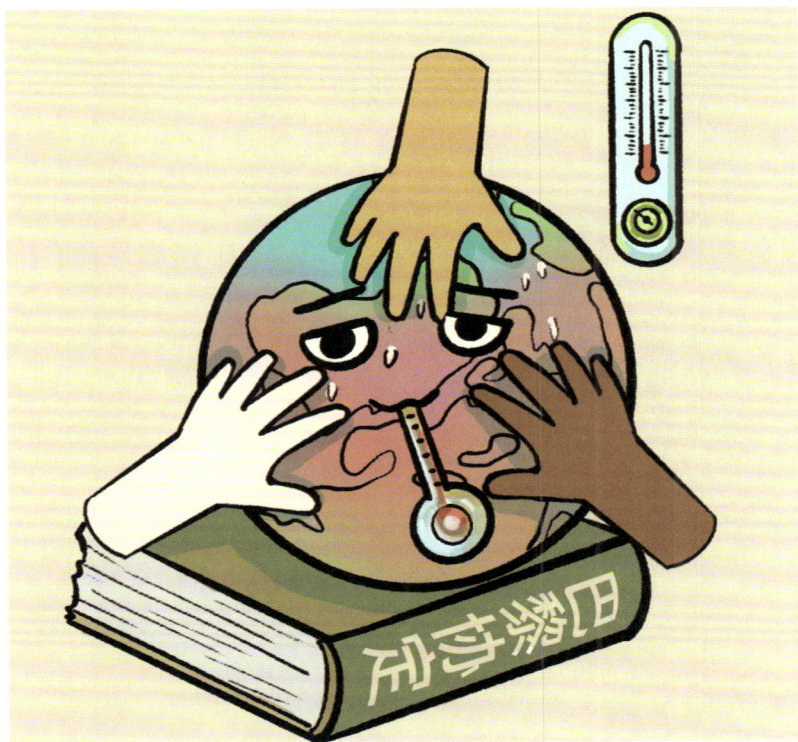

协议签了，然而作为排放大户的西方发达国家，却问题频发。有一些国家只顾自己利益，不顾全球气候变化的严峻形势。

2019 年 11 月 4 日，美国正式通知联合国，他们将启动退出《巴黎协定》的进程。全世界已经有将近 200 个国家签署了《巴黎协定》，只有他们一家闹着要"退群"。根据《巴黎协定》的规定，退出流程需要一年的时间，2020 年 11 月 4 日美国正式退出。可到了 2021 年，他们又要重新加入，废了一番功夫，总算重新加入了。可到了 2025 年，美国政府又打算二次退出"巴黎协定"，真是让人无语！堂堂"超级大国"竟把国际协定当成儿戏。

2022—2023 年，美国、加拿大、澳大利亚等国先后爆发森林火灾，而各国政府对扑灭火灾态度不积极、不给力，致使大火燃烧长达好几个月，其中加拿大的过火面积都超过了韩国的面积！想都不用想，肯定又没少向大气中排放二氧化碳，不但排放增加，而且森林被烧毁，树木被烧死，这些树木再也无法通过光合作用吸收大气中的二氧化碳了！

2022 年冬季，俄罗斯和乌克兰交战正酣，欧洲各国因为对俄罗斯进行制裁而无法再从俄罗斯进口天然气，烧惯了天然气的欧洲老百姓要过冬，就只能重现曾经在电影里才能看到的场景——烧木柴。2022 年 9 月中旬，德语的"柴火"一词在互联网的搜索量创下新高。一时间，在家里安装传统壁炉这样一个几乎已经消失的行业，在德国又复苏了，甚至还有客户咨询关于燃烧马粪和其他燃料的问题。是不是有点"病急乱投医"的感觉了？一向重视环保的欧洲人现在也顾不上那么多了,哪里还管排不排放什么可吸入颗粒物、什么二氧化碳啊。不仅如此,英国、德国等多个国家重启已经关闭多年的燃煤电站用于发电,而这些技术落后的燃煤电站,不仅会排放二氧化碳,还会排放大量的二氧化硫、氮氧化物等污染物。

2022 年 8 月,丹麦首都哥本哈根市的市长宣布:哥本哈根放弃 2025 年实现碳中和的目标。

2023 年 9 月,英国首相苏纳克宣布:推迟汽油和柴油新车的禁售时间,将禁售截止时间从原定的 2030 年推迟到 2035 年。这意味着英国政府将推迟实现自己曾经承诺的"减排"目标。英国内政大臣苏拉·布雷弗曼在接受英国天空新闻采访时更是直言不讳:"我们不会通过让英国人民破产来拯救地球。"

看到了吧?如果说全球就像一个班,有些学生就是叫得欢,环保口号满校园喊,遇到问题啥也不管。

2021 年,地质学和气候变化领域的专家、中国科学院院士丁仲礼在接受媒体采访时曾直言预测:西方国家就是在"放空炮",你以为他们会真的减排吗?咱们走着瞧。中国才是正儿八经要做的,因为我们是共产党领导的,说话要算数!

大国担当

还真让丁院士说中了!在减排这件事上,我们说到做到,绝不含糊。虽说我国还是一个发展中国家，但对于全球气候问题，我们一直做着自己的努力。

2018年11月，中国气候变化事务特别代表在介绍《中国应对气候变化的政策与行动2018年度报告》时强调，中国要百分之百地兑现我们的承诺。

2019年12月，在西班牙马德里举行的新一届联合国气候变化大会上，中方代表在发言中表示，中国坚定不移落实《巴黎协定》，积极应对全球气候变化。

2020年9月22日，习近平主席在第75届联合国大会一般性辩论上，向世界宣布：我国力争于2030年前达到二氧化碳排放峰值，努力争取在2060年前实现二氧化碳排放与二氧化碳吸收量相同，实现碳中和；也就是说，2030年前实现碳达峰，2060年前实现碳中和。人们通常将这两个目标简称为"双碳"。

2021年，碳达峰和碳中和被正式写进我国政府工作报告，这一年也被称为中国的"双碳"元年。

2030年前实现碳达峰，2060年前实现碳中和。这意味着什么呢？从碳达峰到碳中和，欧盟计划用71年，美国计划用43年，日本计划用37年，而我国给自己定下的时间只有30年。欧盟、美国、日本所用时间分别是我们的2.4倍、1.4倍和1.2倍。作为世界上最大的发展中国家，我国将用最短的时间从碳排放峰值实现碳中和，这充分体现了我国的大国担当，也意味着我国的减排工作要开启"2倍速进程"。

1997 年

通过《京都议定书》

2006 年

在"十一五"规划《纲要》中就提出了节能减排计划

2007 年

颁布《中国应对气候变化国家方案》

2016 年

在联合国总部，178 个缔约方签署《巴黎协定》

2019 年

美国宣布退出《巴黎协定》

2020 年

习主席向世界宣布：中国力争 2030 年前完成碳达峰，2060 年前实现碳中和

2021 年

碳达峰和碳中和被正式写进我国政府工作报告，这一年也被称为中国的"双碳"元年

要知道，我国政府做出的承诺从来就不是放空话，而是言出必行，说到做到！那么，什么是碳达峰，什么又是碳中和呢？我国将怎样实现碳达峰和碳中和呢？达成"双碳"目标，会不会影响我国的经济发展呢？又会对我们的生活产生哪些影响呢？

高瞻远瞩，提前布局

碳达峰的意思是二氧化碳排放总量达到历史峰值，然后碳排放总量会逐渐稳步回落。

碳中和的概念是一个国家人为排放的二氧化碳总量与被人为捕集以及大自然吸收的二氧化碳总量持平，实现净排放量为零。打一个简单通俗的比方就是，放出去多少就收回来多少，不给地球增加负担。

那我国能不能实现自己定下的"双碳"目标呢？

早在 2006 年，我国在"十一五"规划《纲要》中就提出了节能减排计划，那时就痛下决心要淘汰一批高污染、高能耗的企业，并于当年 1 月 1 日开始实施《中华人民共和国可再生能源法》。第二年，我国又颁布了《中国应对气候变化国家方案》，提出"通过大力发展可再生能源，积极推进核电建设，加快煤层气开发利用等措施，优化能源消费结构"，具体包括积极发展核电，以及积极扶持风能、太阳能、地热能、海洋能的开发和利用等。

·知识链接·

自 1953 年起，我国开始制定"国民经济和社会发展五年计划"，2006 年，"五年计划"改为"五年规划"。这是我国国民经济计划的重要部分，属于长期计划，主要对国家重大建设项目、生产力分布和国民经济重要比例关系等做出规划，为国民经济发展远景规定目标和方向。

该计划由国家发展和改革委员会负责前期调研，由中国共产党中央委员会政治局常务委员会组织起草。相关文件在广泛征求社会各界意见和建议，并经中国共产党中央委员会、国务院、全国人民代表大会多次审议后方可通过执行，对我国经济发展起规划、指导的作用，是纲领性文件。

　　还记得吗？我国二氧化碳排放的最大来源是燃烧以煤炭为代表的化石能源，以获得工业生产和百姓生活所需要的能源，通俗地说，就是燃煤发电。如果我们能找到一些新的能源取代化石能源，自然就可以减少二氧化碳的排放了！在这方面，我国给全世界交出了一份亮眼的成绩单。

第五章

开发新能源，助力碳减排

- 水能
- 风能
- 太阳能
- 核能
- 新型核能——核聚变能

新能源汽车的频频"出镜"，让我们很容易一提到"新能源"就想到它，但那只是一种利用能源的方式，如果电动汽车用的电还来自燃煤发电，那么很难说电动汽车能少排放多少碳。

其实，新能源是一番极其广阔的天地，由新技术驱动，靠新材料支撑，任由人的想象力和创造力驰骋，捕捉天上、地下、风中、海里的能量。

新能源是指以新技术和新材料为基础，开发利用的可再生能源，这其中最常见的有太阳能、风能、核能、地热能、生物质能，包括潮汐能和洋流能在内的水能，以及利用海洋表面与深层之间的温度差发电等；此外，还有氢气、沼气、酒精、甲醇等可再生能源。这些新能源，在为我们提供生产生活所必需的能量时，不会或很少向大气排放二氧化碳，可以有效地降低在能源领域的碳排放，是我们实现"双碳"目标的重要支撑！利用新能源发电，

传统能源

新能源

再把电能作为工业生产、交通运输以及日常生活的能源，就能达到减排的目的。

与新能源发电相对应的，是传统的火力发电，这种发电方式以煤炭、石油或天然气为原料，通过燃烧产生的热能来发电。在上世纪末期，火力发电占我国总发电量的 90% 以上，可以说在电力领域占主导地位。

上世纪下半叶，欧美等西方发达国家就纷纷开始在新能源领域投入巨额资金、技术，并在多个领域处于世界领先地位。进入本世纪以来，我国在新能源领域持续发力。现在，无论是技术，还是市场，我国都无愧为新能源领域的世界第一。

水能

在湖北省宜昌市夷陵区三斗坪镇的长江江面上，矗立着一座长 2 309 米、高 185 米的拦江大坝，这就是我国乃至世界第一的水力发电站——三峡电站，是当之无愧的超级工程。

长江三峡水利枢纽工程，简称"三峡工程"或"三峡大坝"，是世界上最大的水利枢纽工程，集防洪、发电、航运三大功能为一体，综合养殖、旅游、保护生态、净化环境、开发性移民、供水灌溉等多重效益，被列为全球超级工程之一。

利用河流中水的流动来发电，是一种相对传统的发电方式，我国古代的水车就是一种最古老的把水的力量利用起来的工具。

人类进入电气化时代以后，电能成为主要的能源。在河流上建造水坝，利用水坝上、下游水的落差来推动发电机发电，这就是水力发电，简称水电，它利用的就是水能。

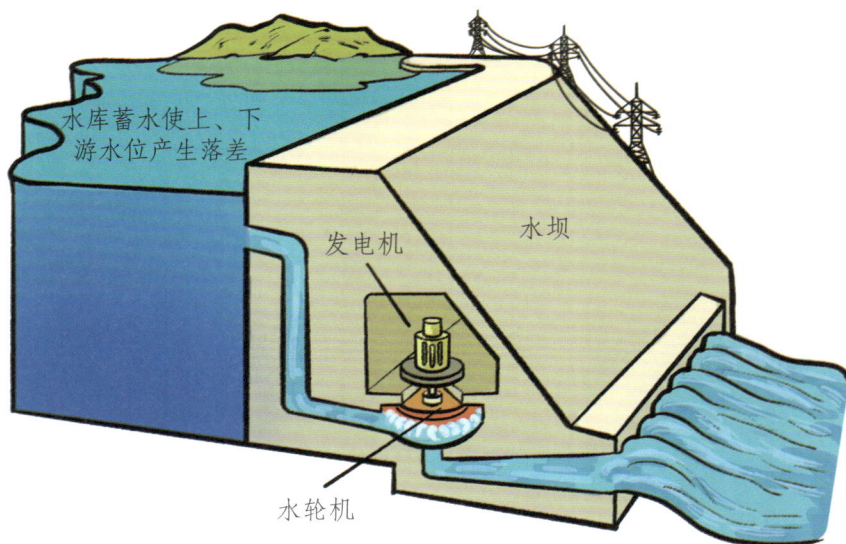

水电站发电原理图

　　水电是一种全球公认的清洁、优质、灵活的可再生能源，具有无污染、运行成本低、资源利用率高等特点，开发综合效益高。建设水电站必然会修筑大坝，建设水库，而水库可以调节整条河流的水量，在发生旱灾和洪涝灾害的时候，减少下游的经济损失。这无疑也是水电吸引人的原因之一。

　　但凡事都有两面性，水电的开发成本高，环境保护的要求高，建设技术难度大也是不争的事实。而能建设水电站的地方，大都在深山里，交通不便，难以运送各种建筑材料永远是水电站建设最大的难题。我国西部很多地方海拔高，氧气稀少，在高原地区建设水电站，无疑是对建设者的极大考验。

水电站受河流中水量的影响很大，水量小时，水电站无法全功率运行，发电功率达不到设计值；而如果水量太大，甚至发生洪涝灾害，这时的水电站不得不把防灾、减灾放在第一位，发电机组同样不能全力运行。所以水电站一年能发多少电，还要看老天爷的眼色。

我国国土面积广大，河流众多，水利资源十分丰富。中华人民共和国成立以来，我国就一直把水电建设当成国民经济建设的重中之重。随着技术的进步，我国水电事业蓬勃发展，装机容量超过 20 000 兆瓦的三峡电站，发电量连续多年蝉联全球第一，发电 20 年来，已经累计发出 16 000 多亿千瓦时的清洁电能，相当于节省了煤炭 4.8 亿多吨，减少二氧化碳排放量 13.2 亿多吨。位于金沙江上游的白鹤滩水电站，总装机容量也达到了全球第二，年平均发电量可达 624.43 亿千瓦时，相当于每年节省约 2000 万吨标准煤，减排二氧化碳 5200 万吨。

除此以外，我国还建设了溪洛渡水电站、向家坝水电站、龙滩水电站等一系列大型水电站，这些水电站为我国经济发展和减少二氧化碳排放立下了汗马功劳。

截至 2022 年底，我国水力发电总装机容量 4.1 亿千瓦，占全国发电总装机容量的 16%。预计到 2035 年，水电装机总规模可以达到 8 亿千瓦；到 2060 年前后，水电总装机容量可以达到 10 亿千瓦，年发电量超过 2 万亿千瓦时。

除了我们前面提到的河流水能外，潮汐能、波浪能、洋流能等都是可以利用的新能源。顾名思义，所谓潮汐能，就是利用涨潮、落潮造成的水面高度差的变化来发电；波浪能则是利用海水的海波来发电；而洋流能则是利用海洋中的天然洋流来发电。这几类电站无疑都是建在海里的，而海水中含有的大量盐分，对所有仪器设备来说都是灾难。如何在潮湿、高盐环境下正常工作，以及如何不被各类海洋生物侵蚀，都是建设这类电站的难点。

2022 年 2 月，世界最大的单机潮汐能发电机组"奋进号"在浙江舟山下水，它是第 4 代兆瓦级潮汐能发电机组，重 325 吨，单机容量 1 600 千瓦，比第 3 代机组发电容量提高 5 倍。

2023 年 6 月，我国自主研发的首台兆瓦级漂浮式波浪能发电装置"南鲲号"，在广东珠海投入试运行。整个装置平面面积超过 3 500 平方米，重量达到 6 000 吨。每天最多可发电 2.4 万千瓦时，相当于 3 500 户家庭一天的用电量。

尽管我国取得了一些技术进步，在某些领域也处于世界领先水平，但目前在利用海水发电方面整体都还处在技术储备阶段，并未进行大规模建设。

·知识链接·

提到发电，我们通常会用到装机容量、发电量两种数据。

装机容量指的是一个发电机组或一个发电站单位时间内能发多少电，它的单位是千瓦。比如我们前面提到的三峡电站，它单台发电机组的容量是 700 000 千瓦，而整个三峡电站有 32 台这样的机组。有时，我们也会用兆瓦、吉瓦作为单位，1 兆瓦 = 1 000 千瓦，1 吉瓦 = 1 000 兆瓦。

发电量则是指一个发电站一段时间内累计发了多少电，它的单位是千瓦时，也就是我们俗称的"度"，1 度电就是 1 千瓦时。

"南鲲号"——我国自主研发的首台兆瓦级漂浮式波浪能发电装置

风能

2023 年 8 月 3 日，位于喜马拉雅山北麓的西藏措美哲古风电场第一批机组正式并网发电，这是一个海拔在 5 000 米以上的超高海拔风电示范项目。这个电站全部机组并网发电后，每年可减少二氧化碳排放量近 17.3 万吨。

青藏高原海拔高、风力大，而且常年风起云涌，刮个不停；世界屋脊人烟稀少，风电站的建设不会对当地居民产生太大的影响。因此，在青藏高原上修建风电站无疑是一个理想的选择。不过在高原地区修建风电站，也需要克服很多平原地区没有的困难，比如空气稀薄、运输困难、设备维护困难等。措美哲古风电场的成功建设标志着我国超高海拔风电建设技术取得了重大突破，拓展了我国风电建设的新领域。

风是免费的，取之不尽，用之不竭，风力发电不会对大气造成污染，因此风电毫无疑问是一种清洁、可再生的能源。风电站的基础建设周期短，只要是有风，且风力较稳定的地方都能建设风电站，不管是陆地还是海上。当然，也不是什么地方都适合建设风电站。有些地方大气比较稳定，本身就不怎么刮风，肯定是没法建设风电站的。能够建设风电站的地方，首先风要大，而且还不能断断续续、时有时无，那样发电的效率肯定低，增加了电网系统的调配难度和成本；其次，风电站不能建在居民区附近，那巨大的风车旋转起来会产生噪声，对人的健康不利。

　　海上风电是最优质的风电资源。海上的风能极其丰富，我国又有漫长的海岸线，近年来，我国风力发电发展迅速，海上风电项目正在"走向深海"。在黄海南部海域，离岸超80千米的江苏大丰海上风电项目，将风电源源不断送上岸并入网。这是我国距离陆地最远的海上风电项目，所用海缆长度达到86.6千米。据统计，2021年全球新增海上风电装机容量约1 340万千瓦，其中80%来自我国。截至2022年底，我国风电总装机容量已经达到3.7亿千瓦，位居世界第一，我国风力发电机的产量也同样位居

丰富的风电资源

世界第一。位于我国东海的"海上风电一号"风电场，是目前全球最大的海上风电场，总装机容量达到了 1 100 兆瓦，可为约 100 万户家庭供电。

风电建设最大的难题是设备运输和安装。风电机组的叶片是风电的核心设备。因为要长时间承受大风的"摧残"，所以每支叶片都必须是一体成型制作出来的。这些叶片动辄几十米甚至上百米长，要把它们从工厂运到安装地点，无疑是个难题。而把这些叶片安装到发电机的顶端，同样也是世界级难题！能够建设风力发电站的地方，通常风都不小，同时还要考虑到叶片的大小、重量，以及安装要求的精准度……不过这些都难不住我国风电建设者们。

2023 年 6 月，位于福建平潭的外海，世界最长的风电叶片被成功吊装，这台风电机组的叶片长度为 123 米，每支叶片的质量超过 50 吨，表面积超过 1 000 平方米。该风电机组的装机容量为 16 兆瓦，每转动一圈可发电 34.2 千瓦时，相当于一个三口之家一周的平均用电量。

太阳能

在我国青海省海南藏族自治州共和县的塔拉滩，有一片人造绿洲，这里就是目前我国最大的光伏发电基地——青海塔拉滩光伏电站。这个电站占地面积 609 平方千米，接近新加坡的面积。

这里的平均海拔将近 3 000 米，氧气含量只有平原地区的 64%，降雨十分稀少，土地沙化严重，不仅荒无人烟，还严重影响着周边黄河生态区的安全，是典型的荒漠化地区。不过这里常年日照充分，是一个建设太阳能电站的好地方。

我们的地球时刻沐浴在太阳光之下，太阳光给我们带来的太阳能取之不尽，用之不竭，使用时不需要购买燃料，不会产生任何废弃物，没有污染、噪声等公害，不会对环境产生不良影响，是一种理想的清洁能源。其实我们晒被子、晾衣服，海边的人晒鱼干、晒紫菜，乃至晒盐……都是在利用太阳能。

尽管太阳能的能量很多，但这些能量分散到了地球的各个地方，具体到某一个地方，却并不多。用科学家的话来说就是，太阳能的能量密度不大。如果我们把太阳能折算成电能，那么每平方米的面积，每天能接收到的太阳能就只有4~6度，而太阳能发电设备不可能把所有的太阳能都转化为电能，所以，实际上每平方米太阳能电池，1天也只能发电1度左右。可见，要建设太阳能发电站，就需要大量的土地，而且这些土地必须阳光充足、降水少，还不能有雾霾！

太阳能发电站最核心的部件就是那一块块太阳能电池板。通常来说，太阳能电池板是用硅来制造的，而硅在地壳中的含量很高，沙漠、海边的沙子，其主要成分就是二氧化硅。没想到吧，那些毫不起眼的沙子，还能为我们实现"双碳"目标做出贡献。可是，把沙子变成太阳能电池板，可不那么容易，技术含量极高。长期以来，因为技术不达标，利用太阳能发电在世界上并不是主流。我国也是在最近10多年才开始大规模建设太阳能发电站。2022年，我国光伏发电装机容量达到了3.9亿千瓦，同比增长28.1%，光伏发电装机容量已经达到了总装机容量的15%以上。

我国西部地区有着广袤的沙漠戈壁，这些地方气候干旱、植被稀少，不适合人类居住，但这些地方日照充足，降水少，是建设太阳能发电站——也就是你常常听到的光伏电站——的好地方。光伏发电是我国构建清洁低碳、安全高效的能源体系的重要一环。在实现"双碳"目标的背景下，我国光伏发电行业发展快速。

青海塔拉滩光伏电站就是这样被建设起来的，它于2011年开始施工，经过10多年的建设，现在年发电量已达到100亿

千瓦时，相当于每年减排二氧化碳 780 万吨，是我国目前最大的
光伏电站。不仅如此，由于太阳能电池板遮蔽了部分太阳光，使
得土壤温度下降，现在该地区地表已经被茂盛的青草覆盖，羊儿
在其间悠闲散步，生态环境得到了很好的修复。

光伏电站的建设降低了土壤温度，沙漠中出现了青草

受塔拉滩光伏电站的启发示范效应，现在我国在西部很多地
区建设的光伏电站都在太阳能电池板下种草，真是一举多得，不
仅能获得清洁的太阳能，还能养羊发展畜牧业，形成了一项综合
治理沙漠的绿色工程。这一举措不仅大大提高了我国清洁能源的
产量，还对改善环境、发展经济起到了巨大的作用。

　　除了沙漠，海面也是一个建设太阳能发电站的好地方。海面上面积广阔、阳光充足，灰尘极少，因此发电效率绝对高。不过要在海上建设太阳能发电站面临的问题也不少：首先是太阳能电池板只能靠立柱固定在海底，建设成本较高；其次，海面上风急浪高，还容易出现台风、暴雨等极端天气，这对矗立在海面的太阳能电池板无疑是不小的考验。

　　2023 年 11 月，我国首个半潜式海上太阳能发电平台投入使用，这个平台建设在山东烟台附近海面。它的大小超过了 4 个篮球场，装机容量 400 千瓦，可在浪高 6.5 米、风速 34 米每秒、4.6 米潮差的海域安全运行。虽然装机容量不大，只能作为一个示范性项目，但一旦该平台稳定运行，就可以大规模推广使用。这标志着我国在海上太阳能发电建设领域又向前迈了一大步。

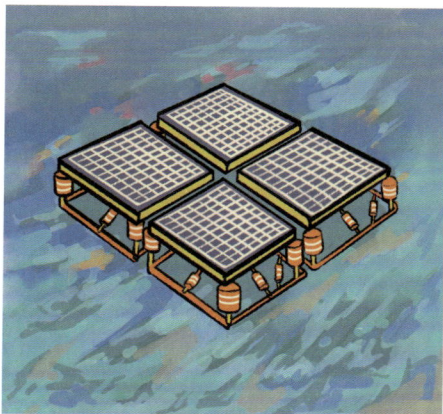

　　屋顶光伏电站也是一个利用太阳能的发展方向，人们在城市、农村各种房屋的屋顶铺设太阳能电池板，将发出来的电并入电网

使用。尽管一房一户能发的电十分有限，但整个区域加起来，也是非常可观的。

不过，和建在沙漠戈壁的光伏电站相比，屋顶电站存在建设、运营成本高，设备维护困难，城市基础设施支持度不够等问题，在我国发展相对缓慢。

核能

2020年11月27日，我国自主研制的"华龙一号"核电机组——中核集团福清核电站5号机组首次成功并网发电，并于2021年1月30日正式投入商业运营。这意味着我国具有完全自主知识产权的第三代核电技术取得成功。

核电安全吗？为什么出了那么多事故，还要大力发展核电呢？这恐怕是每个听说过切尔诺贝利核电站事故或日本福岛核电站事故的人心中的疑问。

其实和前面所讲到的水电、风电、光伏相比，核电技术具有一个无可比拟的优势——那就是它不受气候的影响，可以稳定地提供高效、清洁的能源。气候干旱时，水电站的发电量骤减；如果没风或者风太大，风力发电站的大风车就是摆设；夜间，再厉害的光伏电站都得停工。这些问题对核电站来说统统不存在，只要核燃料足够，它可以一年四季、昼夜不停地发电。因此，发展核电是很多国家的选择。

与切尔诺贝利以及福岛的核电站不同，我国自主研制的"华龙一号"核电机组是第三代核电机组，安全性高，就算被大型民航客机撞一下都没事！由于安全性有保证，"华龙一号"先后出口到巴基斯坦、阿根廷等"一带一路"沿线国家。现在，"华龙一号"是国际核电市场接受度最高的第三代核电机型之一，是我国核电走向世界的"国家名片"。截至 2022 年底，我国核电总装机容量为 0.56 亿千瓦，占发电总装机容量的 2.2%。

尽管我国的核电机组处于世界先进水平，但我国的核燃料——铀的储量并不高，这也大大限制了我国核电站的建设。为了解决这个问题，我国科学家通过技术创新走出了一条新的道路。2023 年，世界上第一个钍基熔盐核反应堆在甘肃省武威市通过

"华龙一号"

验收，进入运营阶段。和传统的核电站相比，这种核电反应堆更加安全，在运行过程中不需要大量的水，可以在西部干旱地区建设。另外，这种反应堆可以做得很小，完全可以应用在航空母舰和潜艇上，甚至在将来，可以安装到飞机上！还有最重要的一点，就是这种反应堆的原料不是我国缺少的铀，而是我国储量非常丰富的钍，仅已探明的钍储量就够我们用 20 000 年的！该反应堆一旦大规模应用，无疑将大大解决我国能源不足的问题。

·知识链接·

铀，元素周期表上的第 92 号元素，元素符号为 U，是一种放射性元素。所有的铀，其原子核内都有 92 个质子，但不同的铀原子核所含的中子数会有所差异，根据原子核内中子的数量，人们将不同的铀原子核分别命名为铀 234、铀 235 和铀 238 三种。其中铀 235 的原子核在吸收了一个中子后，会分裂成两个其他种类的原子核，在这个过程中，会释放出大量的能量。利用这一原理，人们制造出了原子弹。目前，世界上大部分的核电站都是利用了这一原理，不过人们有效地控制了铀 235 分裂的速度，使得核电站不会发生爆炸。

铀的这些特性，使得它成为一种重要的战略资源。天然铀矿中主要是铀 238，铀 235 的含量极低，所以仅靠以铀 235 为原料的核电站，是无法满足人类长期的能源需求的。

新型核能——核聚变能

前面讲到的几种发电方式，都属于新能源领域。不过这些发电方式，要么受气候影响（风能、水能），要么发电效率有限（太阳能），要么需要稀缺资源（核能），都不能彻底解决我们的能源问题。想要彻底解决我们的能源问题，利用核聚变反应产生的能量，是一个可行的方案。

核聚变能也是核能的一种。在一定条件下，比较轻的原子核，比如氢原子核、氦原子核可以和其他比较轻的原子核聚合成一个新的原子核，这个反应被称为核聚变反应，反应中放出的能量被称为核聚变能。比如 4 个氢原子核聚变成 1 个氦原子核，就是一个典型的核聚变方式。在这个过程中会释放出大量的能量。太阳中心就在不断发生着这样的反应，到目前为止，人类所能制造出的威力最大的炸弹——氢弹也是利用了这一原理。水中有大量的氢原子，而地球上又有大量的水，所以一旦能够建设出核聚变发电站，就可以彻底解决人类的能源问题。

不过说起来简单，做起来可就没那么简单了。太阳上之所以能发生核聚变反应，是因为太阳中心有高温高压的环境，地球上可没有这样的环境。科学家们当然可以在实验室中模拟出这样的环境，并且让核聚变反应进行。可要模拟出这样的环境，首先需要大量的能量，而核聚变反应如果不能长时间稳定进行，其释放出来的能量可能还不如开始时投入的能量多，妥妥的入不敷出。

另外，这种高温高压的环境是十分危险的，如何维持这样的环境，并保证安全，同样是科学家们需要克服的困难。

目前，世界各国都在核聚变领域投入大量人力物力，希望尽早攻克这一难关，彻底解决人类的能源问题。而我国在这一领域，同样处于世界领先地位。2023年8月25日，我国自主研发的新一代核聚变反应装置——"中国环流三号"首次实现100万安培等离子体电流下的高约束模式运行，标志着我国在相关领域的研究迈出重要一步，是我国核聚变装置开发进程中的重要里程碑。

2023年12月29日，中国核工业集团有限公司牵头，由25家央企、科研院所、高等学校共同组成的可控核聚变创新联合体正式宣布成立，中国聚变能源有限公司（筹）也正式揭牌。这意味着我国在加速可控核聚变产业化方面有了实质性的进展。

能源班综合表现大评比

	可用期限	环境友好度	能源的"武力值"	我国的情况	优点	缺点
煤	大约200年	造成污染	发电效率33%~40%	储量丰富	我国煤炭储量丰富，我国的清洁煤电技术非常先进	资源有限、不可再生、污染严重，即使清洁煤电，也会排放二氧化碳
石油	无准确说法，不可再生	造成污染	同样重量的石油比煤炭有更高的燃烧值	我国的产量不能自给自足，需要大量进口	运输方便，燃烧值高	资源有限、不可再生、造成污染

续表

	可用期限	环境友好度	能源的"武力值"	我国的情况	优点	缺点
天然气	大约200年	比煤炭环保，本身就是温室气体，燃烧后会排放大量二氧化碳	发电效率45%~55%	我国的产量不能自给自足，需要进口	燃烧不会产生粉尘等有害物质，是化石能源里最清洁的	会排放二氧化碳，储存难度大
水能	可再生	环保	发电效率80%以上	水电资源丰富	清洁的可再生能源，具有综合效益，可进行调节	只能在水资源丰富的地方发展；可能破坏生态环境；建设投资大、周期长
风能	可再生	低污染	发电效率30%~50%	我国风电累计装机容量逐年增长，海上风电正在走向"深海"	风是免费的，永不枯竭，发电不造成空气污染；风电站建设周期短，在陆上、海上都能建	受天气、地形和设备的限制，产生的噪声影响人的健康
太阳能	可再生	环保	发电效率15%~25%	我国的光伏技术世界领先	太阳能源取之不尽，太阳能发电安全可靠、便宜，太阳能发电装置不产生磨损，使用寿命长	阴雨多、光照不足的地方无法开展，夜间也不能用
核能	126~1170年	环保	发电效率40%~50%	我国的核电技术很成熟、很先进，但核原料铀储量不足	无污染、易储存、效率高	核电站建设成本高、投资大；安全成本高

三峡工程

山东海上风电基地

青海塔拉滩光伏电站

秦山核电站

第六章

推广新能源，一个都不能少

- 中国标准的特高压
- 把电存起来
- 氢能——可以运输的
  储能方案
- 新能源汽车

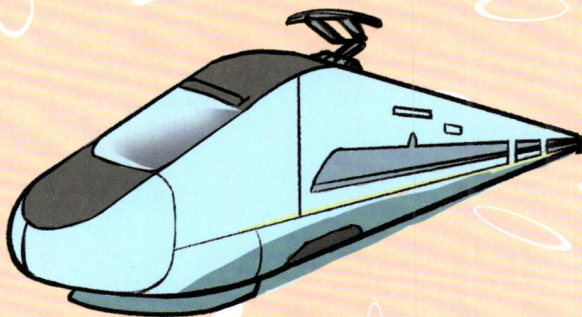

有了新能源，是否就万事大吉？

2024年，我国水电、风电、光伏、核电，这四大新能源发电的总装机容量已超过火力发电总装机容量！那么是不是在不久的将来，我们可以用新能源发电完全代替传统的火力发电呢？我国完成"双碳"目标，是否指日可待呢？

答案是并没有那么简单。

本章我们将思维延伸，探索新能源的"周边"，去发现能源革命的壮丽与深刻。你会发现，这条路任重道远，但风光无限。

中国标准的特高压

首先需要解决的问题就是电力传输的问题。

我国是一个幅员辽阔的国家，从南到北，从西到东都有数千千米的距离。在这广袤的国土上，能源的分配是极不均衡的。尤其是新能源资源，受地形、气候的影响大，全国各地各有优势：西南地区大江大河纵横，水力资源丰富，我国绝大多数的大型水电站都在这一区域；西北地区风力大、光照充足、土地广袤、人口稀少，是建设光伏和风力发电站的好地方。你注意到了吗？这都是西部地区！西部能源丰富，但由于经济还不够发达，发出的电自身用不掉，而东部地区对电力资源需求很高，但东部没有那么多新能源资源。于是，问题就来了：需要用输电装置把西部地区用不掉的富余电力资源输送到东部地区，简称"西电东送"。

电和煤炭、钢铁这些物资不一样，它看不见、摸不着，不能用汽车、火车来运送，只能靠电线来输送。你知道吗？电在电线里流动，能量是有损失的！如果距离不长，这点损失还可以接受，可要是远距离传输电力，比如将电从湖北省的三峡电站输送到上海市，那损失就大了去了！有多大呢？说出来吓你一跳：在电线上的电力损失大到还不如在上海另外建一家火力发电站。因此对于远距离输电，如何减少在输电线上损失的电能，是一个无可回避的棘手问题。

办法不是没有！要想解决这一问题，可行的办法是提高输电时的电压，电压越高，输电时的损失就越小。也可以说，这是唯一可行的方法。因此通常情况下，远距离输电要使用高压输电技术。"高压"指的是高的电压，那么到底多高的电压是高压呢？为什么高压输电是一件很难的事呢？

·知识链接·

电压是电学中最基本的物理量之一。它的单位是伏特，符号为 V。我们家中的各种家用电器，比如电视、冰箱、洗衣机等，它们的工作电压是 220 伏特；手机、耳机等用 USB 接口充电的电器设备，它们的工作电压是 5 伏特；家里的干电池，无论大小，每一个所能提供的电压都是 1.5 伏特；而对于我们人体来说，不超过 36 伏特的电压是安全的，超过 36 伏特，则可能会导致触电身亡！

等级	电压	应用场景
低压	220 伏特	家用电器
	380 伏特	工厂里的工业用电
高压	10 000~220 000 伏特	你在郊区看到的铁塔上的输电线，通常用于短距离输电
超高压	330 000~750 000 伏特	从发电站传输到城市的电，用于长距离输电
特高压	1 000 000 伏特以上	"西电东送"工程，用于超长距离输电

从上表中我们可以看到，无论是家用电，还是工业用电，其电压都只有几百伏特，而在进行电力传输时，最低都要有上万伏特的电压，而特高压甚至达到了 1 000 000 伏特以上。

特高压输电具有传输效率高、传输距离远、线路损耗低等非常亮眼的优势，但它的技术难度也是不言而喻的。仅从我们小时候都被父母一再叮嘱"不要到高压电线附近去玩"，就不难知道很高的电压会带来危险。一旦输电系统进入特高压领域，就会出现一些在低压、高压领域没有的现象，从而给输电造成危险。

首先是在如此高压下，哪怕是空气，也会从电的绝缘体变成电的导体。在物理学上，这种现象叫作"击穿"。在特高压下，电线周边的空气被击穿，从而使电能从电线中跑出来。有时在夜晚，你会在高压线的外面看到蓝色的光晕，这就是空气被小范围击穿产生的放电现象。出现这种现象，一方面会损失电能，另一方面也会造成输电线路的危险。

其次，电有吸附细小颗粒的作用。高压输电线在这方面尤其明显，它会吸附空气中的小灰尘、小水滴等，这些小灰尘、小水滴会附着在电线以及电线之间的陶瓷绝缘体上，时间长了，陶瓷绝缘体的绝缘效果就会下降，从而发生"击穿"，这种击穿危害极大，不仅会切断输电线路，还会引发火灾。

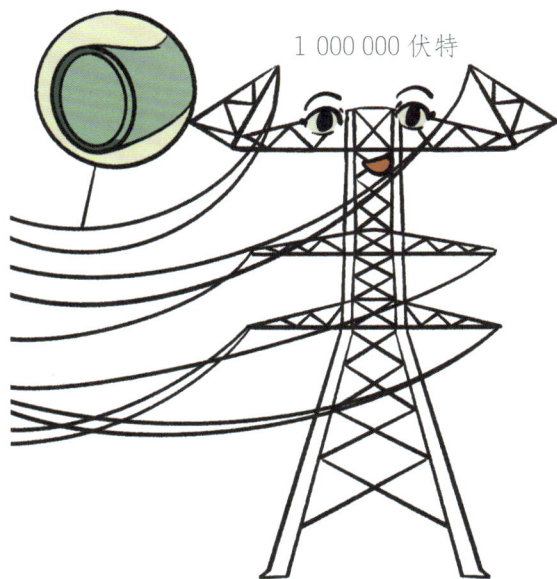

1 000 000 伏特

220 000 伏特

特高压输电线路损耗低　　高压输电线路损耗高

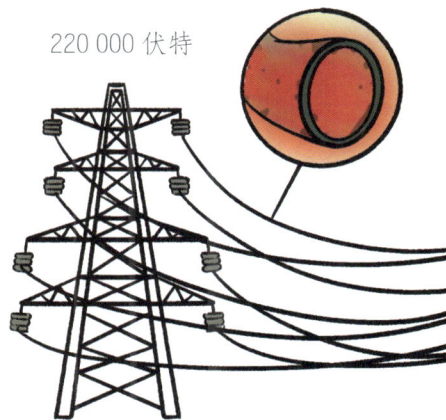

另外，制造能够把电压提高到特高压范围的变压器，降低输电线路中的电压波动，等等，都是特高压领域的技术难点。

我国在"十二五"期间开始大力发展特高压技术，已经成为世界首个，也是唯一一个成功掌握并实际应用特高压这项尖端技术的国家，可以说我国的特高压输电技术 "独步天下"！时任美国能源部部长，也是诺贝尔物理学奖得主的华裔美籍科学家朱棣文曾直言不讳地说：中国的特高压技术令人嫉妒。

如今，令我们自豪的是，在特高压领域，中国标准就是世界标准，中文是世界语言。别的国家的特高压输电网如果出了问题，工程师想要查说明书，先要学会中文。

·知识链接·

如果没有特高压，还有什么其他办法能降低输电过程中的损耗呢？那就只能使用超导材料制作的输电线了。所谓超导材料，就是电阻为零的材料，电在里面传输时，完全不会损耗能量。1911年，荷兰物理学家卡末林·昂内斯首先在零下269摄氏度的条件下发现超导现象。随后100多年，无数科学家前赴后继，试图找到常温下的超导材料。不过，遗憾的是，到目前为止还没有找到。也许在未来某一天，科学家们能找到常温下的超导材料，那时将对我们的世界产生巨大的影响。

把电存起来

特高压解决了电能的远距离传输问题，可还有一个问题是新能源必须面对的，就是如何把电存起来。

前面说过，除核电外，新能源发电量普遍受天气影响，再厉害的太阳能发电站也不可能在夜晚发电；再大的水电站遇到枯水期，也发不出电；再大规模的风力发电站，遇到没风的日子，也不会发电。这些天气影响并不会因为我们人类的意志而改变。

人类在使用电力时，也不是均衡的，白天，各类工厂、写字楼都在工作，需要大量的电，可夜晚都睡觉了，就基本不用电了；夏天，天气炎热，人们开空调解暑，同样要大量耗电，可到了春秋两季，就不需要了……人类的用电和新能源发电之间存在时间差！

如果我们大量使用火电站发电，那解决这种时间差就相对容易。用电多的时候，多加点煤，多发点电；用电少的时候，少加点煤，少发点电。反正煤就堆在火电站的库房里，不用也不会造成损失。可在使用新能源发电时，就没有这么方便了，你想多发电的时候，如果太阳、水、风不给力，那也多发不了啊；而你想少发电的时候，多余的太阳能、水能、风能并不会存下来，而是白白地浪费了。这其中最关键的问题就是：电是随发随用的，并不能储存！

那么我们能不能像充电宝一样把用不了的电储存起来，需要用的时候再释放出来呢？新能源领域一个新的产业——储能产业就此诞生。

所谓储能产业，就是把用不了的电能转化为其他形式的能量，然后储存起来，在需要用电的时候，再把这些其他形式的能量转化为电能。当然，在这个过程中，不可避免的会产生能量损耗，可只要大部分电能被保留下来，就是有利的。

目前的储能方式大致可分为抽水蓄能电站、压缩空气蓄能电站、大容量储能电池、大容量电容等几类。

抽水蓄能电站是指在山上建设一个人造水库。在发电量大于用电量的时候，用多余的电把山下河流或湖泊中的水抽到山上的水库中，储存起来；而一旦用电量大于发电量，再打开水库的闸门，让水库的水流出来，同时利用水流发电。这样可以很好地解决发电站发电和居民企业用电不同步的问题。截至2022年底，

抽水蓄能电站原理图

我国抽水蓄能电站的总装机容量已经超过 8 000 万千瓦，其中位于河北省承德市的丰宁抽水蓄能电站装机容量达到 360 万千瓦，是世界第一大抽水蓄能电站，和位于北京市昌平区的十三陵抽水蓄能电站一起，共同为北京、天津及河北北部电网服务。

在水源不充足的地区，可以建设压缩空气蓄能电站。它的原理和抽水蓄能电站相似，在电力富余的时候，用电力将空气压缩到封闭的山洞里，需要电了，再把这些空气释放出来推动汽轮机发电。位于山东省泰安市的肥城盐穴压缩空气储能示范电站是目前世界上最大的压缩空气蓄能电站，它是利用废弃的盐矿建设而成的，装机容量为 30 万千瓦。压缩空气蓄能电站是近些年兴起的新型储能电站，各地都在积极开展这方面的建设，相关技术也在不断突破。也许在你看到这本书的时候，该纪录已被打破。

大容量储能电池同样也是储存电能的好帮手，你可以把它理

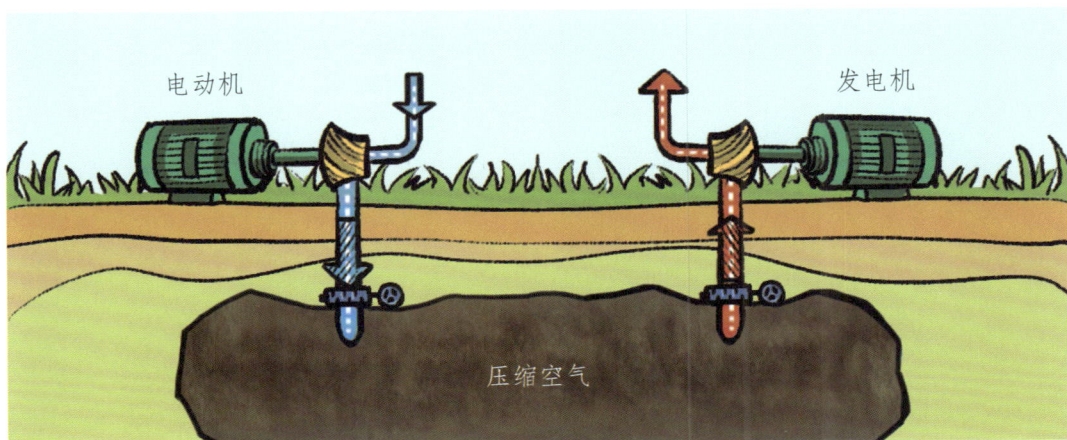

压缩空气蓄能电站原理图

解为大号的充电宝。它储能多、充放电快、安全性好，可以说除了个头比较大，不方便携带以外，它完全可以全方位碾压你家的充电宝。目前，世界最大的储能电池可以一次性储存100万度电，能满足8万户居民一天的普通用电，我国已有多个这样的项目正在建设中。随着电池技术的不断进步，大容量储能电池将越来越多地被使用。

和前面几种储能方式相比，利用大容量电容储能应该是最直接的储存电能的方式了。电容本身就是一种储存电能的电器元件，我们家里的电视、冰箱、洗衣机、空调里都有电容的身影。利用电容储能，不存在电能和其他能量间的转化，不会产生能量损耗，储能效率高。不过通常的电容储电能力都比较差，而要想制造大容量的电容，则是一件比较困难的事情，搞不好还会发生爆炸。尽管起步较晚，但我国在大容量电容的研发方面已经取得了不错的成果，也建设了一些示范性储能项目，未来前景广阔。

尽管还处于发展初期，但储能产业有着广阔的发展前景。有人估算，如果人类能铺设20万平方千米的太阳能电池板，那么它们发出的电就足够目前全世界所有的人使用。看上去，20万平方千米是一个很大的数，可你要知道，单是位于我国新疆的塔克拉玛干沙漠，面积就高达33万平方千米，而位于非洲北部的撒哈拉沙漠，面积更是达到了932万平方千米！因此，完全不用担心铺设太阳能电池板的地方够不够；需要考虑的是，太阳能电池板只能在白天发电，如果没有足够的储能电站，那么晚上就没有电用了！而一旦储能技术过关，我们可以大量储存电能，那么放弃传统化石能源，全部改用新能源将不再是梦。地球气候变暖的问题也将彻底解决。

氢能——可以运输的储能方案

在储能领域，还有一个比较热门的发展方向——氢能源。

氢是元素周期表上的第 1 号元素，也是最"轻"的元素，它的名字——"氢"也因此而来。它有多轻呢？轻到了我们地球的引力都拉不住它。所以地球上没有天然存在的氢气，哪怕是人工制造的氢气，如果不用罐子装好，用不了多久，它就会离开地球，飘向宇宙深处。虽然没有氢气，不过地球上含有氢原子的物质却是不少。水中就含有大量的氢原子，我们的身体里也有不少。当然，它们并不以氢气的形式存在。

·知识链接·

氢，元素符号为 H，原子序数为 1，是宇宙中含量最多的元素。我们熟悉的太阳、木星、土星，还有那遥远的北极星、天狼星，它们上面主要的物质都是氢。纯净的氢在常温下以气体的形式存在，被我们称为氢气，它的化学式是 H_2。

氢气是一种优质的清洁能源，它在空气中燃烧后产生的唯一物质就是水，可以说是一种绝对没有污染的能源。氢气燃烧所释放的能量极高，是汽油的 3 倍，酒精的 3.9 倍，焦炭的 4.5 倍。如果地球上有大量的氢气，那么其他所有能源都可以被舍弃。

那么，我们该如何获得大量的氢气呢？最常用的办法就是电解水——也就是在水中通电，利用电能把水分解为氢气和氧气。看到这里你可能会问：电解水，把水分解为氢气和氧气，再燃烧氢气获得能量，那为什么不直接使用电作为能量呢？是的，你考虑的是对的，仅从能源获取的角度来说，这样做绝对是得不偿失的。与其这样获得氢气，还不如直接用电。

可是，你还记得我们前面说的吗？电不能储存，但氢气是可以储存的，不仅可以储存，还可以运送到各个地方。当发电量大于用电量的时候，用多出来的电制备氢气，而生产出的氢气可以通过管道输入千家万户，作为炒菜、做饭的能源；也可以输送到加油站，给氢能源汽车使用；还可以送到发电厂储存起来，在电不够用的时候用它来发电……这样看来，氢能源还是具有相当大的发展前途的。

2023 年 6 月，位于新疆维吾尔自治区库车市的我国首个万吨级光伏制氢项目正式投入生产。该项目利用新疆地区丰富的太阳能资源发电，发出的电直接用于电解水生产氢气。每年氢气的生产规模可以达到 2 万吨，可减少二氧化碳排放 48.5 万吨。

作为气体，还是一种易燃易爆的气体，氢气的储存、运输具

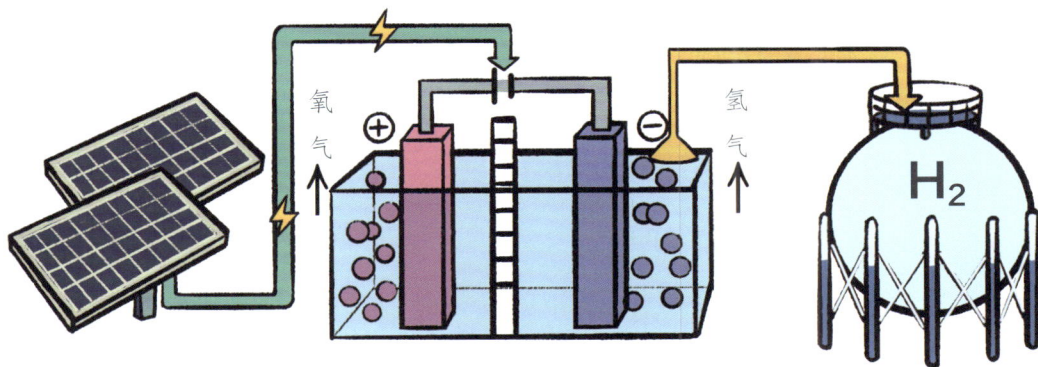

位于库车市的万吨级光伏制氢项目，利用戈壁滩上的光伏电站发电，再用电制氢

有一定难度，成本也较高。不过这难不住科学家们，他们发明了用氢气和二氧化碳制作甲醇的方法。

常温下，甲醇是一种液态的有机化合物，它的化学式是CH_4O，它既是一种常见的工业原料，也是一种可以替代汽油的燃料。用传统工艺制造甲醇时，原料为煤、水和空气中的氧气，在制造甲醇的过程中，会向空气中排放二氧化碳。而利用二氧化碳和氢气制造甲醇则要环保得多。人们把发电厂、化工厂排放的废气中的二氧化碳收集起来，再利用电解水产生的氢气，就可以实现以下化学反应：

$$CO_2 + 3H_2 \longrightarrow CH_4O + H_2O$$

看到了吧，利用这种方法制造甲醇，不但不会向空气中排放二氧化碳，还会把本来要排放到空气中的二氧化碳作为原料使用，

从而减少了二氧化碳的排放量，可谓是双倍的减排。用这样的方法制造出来的甲醇，被称为"绿色甲醇"。

2023年9月23日至10月8日，第19届亚洲运动会在杭州举行，为贯彻绿色、环保理念，本次亚运会主火炬的燃料就是绿色甲醇。

除了用氢气制造甲醇外，直接使用氢气和二氧化碳制造汽油的技术也已经进入大规模试验阶段，也许未来某一天，汽车使用的汽油将不再是石油产品，而是用氢气制造出来的。

2023年11月，我国首台中速大功率氨燃料发动机点火成功。这意味着我国在氨燃料领域实现突破，今后，氨燃料很可能会取代化石能源，成为轮船的动力能源。

和甲醇一样，氨也可以利用电解水产生的氢气来生产，其化学反应式如下：

$$N_2 + 3H_2 \longrightarrow 2NH_3$$

其中 N_2 是氮气，是空气的主要成分之一，NH_3 是氨气，虽然常温下是气体，但很容易被液化为液体，所以它比氢气更容易储存、运输。曾经，氨气是制造化肥、炸药的主要原料，很少有人将其作为燃料使用。但随着"双碳"技术的发展，人们发现，氨也可以成为燃料，二氧化碳零排放是氨燃料最大的优势。不过，毒性大、腐蚀性强，也是氨燃料最大的劣势。氨燃料是下一代无碳燃料的发展方向之一。

·知识链接·

1909 年，一个叫弗里茨·哈伯的德国化学家发明了工业化大规模合成氨的方法。让氨从一种实验室中的化学物质变成了重要的化工原料。随后，以氨为原料的化肥迅速成为农业生产的最大助力，世界各地的粮食产量也节节攀升。哈伯也因此被誉为"用空气制造面包的人"。氨还是制造炸药的重要原料，哈伯的发明同样让德国有了发动第一次世界大战的底气。

新能源汽车

有了这么多新能源发的电，电动汽车也就自然写进了"双碳"的计划书。所谓电动汽车，顾名思义，就是用电力来驱动的汽车。我们前面讲了，汽车、火车、飞机、轮船等交通工具，由于使用汽油、柴油作为动力，它们排放的二氧化碳也不少。要想实现"双碳"目标，就必须在它们身上想办法。

这其中最容易解决的是火车，因为它是在固定线路——也就是铁轨上运行的，所以只要在铁轨的上方拉上一根电线，一切就迎刃而解了。现在，我国的主要铁路干线基本都实现了电气化改造，电力火车遍布全国。

与火车不同，飞机、轮船、汽车可不是在固定线路上行驶的，无法通过电线来传输电力，所以要想使用电动飞机、电动轮船、电动汽车，就必须制造出能够储存足够能量的电池。

蒸汽机车

内燃机车

电力机车

而以我们目前掌握的技术来说，制造可以作为交通工具的电动飞机、电动轮船还比较遥远。而制造电动汽车却不是那么难。而这必须要感谢锂电池的发明人斯坦利·惠廷厄姆、约翰·古迪纳夫和吉野彰，他们以一种化学性质极其活泼的金属——锂为原料，大大拓展了电池的储电能力和充放电速度，使得大容量电池可以走进千家万户。现在，小到电脑、手机、PAD，大到电动自行车、电动汽车，甚至是我们前面讲到的大容量储能电池，使用的都是锂电池。这三位科学家也因此获得了2019年诺贝尔化学奖。

·知识链接·

锂，元素符号为Li，原子序数为3，是元素周期表上的第3号元素，也是最"轻"的金属元素。因为锂的化学性质十分活泼，地球上很难见到纯净的锂金属，而正是由于锂具有独特的化学性质，使它成为制造电池的理想原料。锂电池具有储存电量高、可重复充放电、充放电速度快等一系列优点，这使得它一经推出就受到市场的青睐，被广泛使用。然而，锂电池有一个致命的缺点，就是容易爆炸，在锂电池刚进入市场的时候，发生过不少电池爆炸事故。尽管经过科学家们的不断努力，现在的锂电池已经十分安全，可这一隐患仍然未被彻底消除。因此在使用锂电池的时候，一定要按说明书的要求规范使用。千万不要随意拆解锂电池哟！

以锂电池为能源的电动汽车产业，目前在我国发展迅速。2022年，我国电动汽车销售689万辆，同比增长93.4%，连续8年位居全球第一，电动汽车的市场占有率达到25.6%。不仅如此，我国生产的电动汽车还出口到世界各地，成为我国外贸出口新的增长点。

除了锂电池外，科学家们也在研制储电量更高的新型电池。另外，在公路的表面铺设太阳能电池板，车开在上面能够使用公路提供的电能，也是科学家们研究的方向。这些新技术都会不断改变我们的生活。

除了电动汽车外，新能源汽车还包括氢能源汽车、混合燃料汽车等。其中氢能源汽车是指以氢气为能源的汽车。不过由于目前氢气的制造成本较高，且氢能源汽车在技术上还不够成熟，车辆制造、使用成本都很高，市场前景并不好。

混合燃料汽车则是指以甲醇、乙醇、乙醚等一些非化石能源作为燃料的汽车。这些燃料有些可以通过农作物发酵获得，有些可以利用工业生产中产生的二氧化碳为原料生产出来。总的来说，因为这类汽车不使用化石燃料，所以不会产生额外的碳排放。发展混合燃料汽车的好处是技术门槛低，这些汽车的结构和普通汽油车相差不大；坏处则是燃料的生产成本高，而且在燃烧过程中还是会向大气中排放二氧化碳，并不是绝对清洁的能源，只能作为过渡产品使用。

前面讲过的这些新能源，无论是风能、水能，还是太阳能、

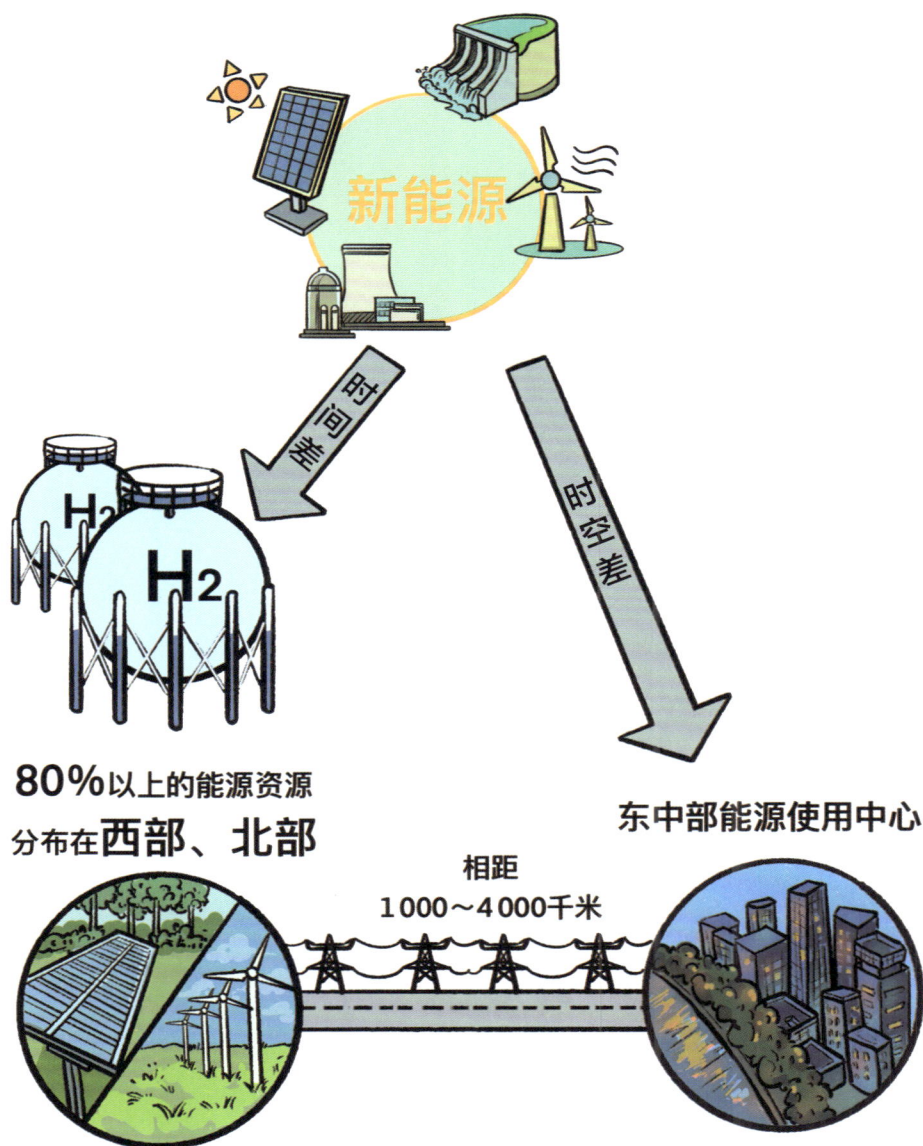

新能源

时间差

时空差

H₂

H₂

80%以上的能源资源
分布在**西部、北部**

东中部能源使用中心

相距
1000～4000千米

核能，在发电过程中都不会排放二氧化碳，如果能用这些清洁能源代替燃煤发电，必然会大大减少人类二氧化碳的排放。然而，所有这些办法，都是在努力减少二氧化碳的排放。那么对于已经排放到大气中的二氧化碳呢？我们有没有办法把大气中的二氧化碳重新回收利用呢？

第七章

实验室中的粮食——碳捕集

- 点沙成土，化漠为林
- 点碳成糖，化碳为粮

悬赏捉拿：二氧化碳！

呃……这个"犯人"可没那么好抓！要知道，大气中只有0.03%~0.04%是二氧化碳。

采用新能源仅仅意味着不再给环境添加负担，可之前那么多年欠下的账，又该怎么还呢？本章将发出最硬核的"通缉令"！依靠技术手段，搜集逃逸在地球大气中的二氧化碳。

这技术被称为碳捕集，可以直接减少大气中的二氧化碳，对实现"双碳"目标意义重大。

目前，国际上已有一些示范性的碳捕集工厂，它们将空气中的二氧化碳收集到一起，处理后深埋到地下。由于大气中二氧化碳的含量很低，碳捕集的效率自然也低，耗费的能量却不少。与大气中含有的二氧化碳相比，这样捕集到的碳可谓微乎其微，并不能达到大规模减少空气中二氧化碳浓度的作用。

我国在碳捕集方面另辟蹊径，取得了一定的效果。

可你还会打嗝排出二氧化碳。

我喝汽水算不算碳捕集？

汽水里不是有二氧化碳……

点沙成土，化漠为林

树木可以吸收二氧化碳，因此想要减少大气中的二氧化碳，最好的办法就是植树造林。绿色植物是名副其实的天然吸碳小能手，无师自通，有"祖传"的吸碳绝活儿——光合作用，吸收二氧化碳的效率高，比起研发其他从大气中提取二氧化碳的技术和设备，种树的成本就低多了，而且产生的木材、果实还有经济效益。

对我国而言，植树造林的意义尤其重大。虽然我国国土面积广大，但其中荒漠化土地的面积也不容小觑，塔克拉玛干沙漠、古尔班通古特沙漠、毛乌素沙地、浑善达克沙地……全国有八大沙漠、四大沙地，荒漠化土地总面积达262.2万平方千米，占我国国土总面积的27.3%。

·知识链接·

沙漠即沙质的荒漠，分布于干旱、极干旱的地区。沙漠中植被稀疏，广泛地分布着流动的沙丘。干旱、少雨是沙漠形成的主要因素，哪怕偶尔下一场雨，也很难有植被存活。

沙地一般分布于半干旱、半湿润的草原地带，这里虽然降雨不多，但还是足以让植物正常生长。不过由于人类的活动，比如过度放牧、开采矿山等，破坏了脆弱的生态系统，从而造成土地沙化，形成沙地。由于天然降水相对较多，沙地治理要比沙漠治理容易，这也是我国沙漠治理的突破口。

为了改善环境，我国政府历来重视植树造林，过去40年，通过植树造林，我国每年能吸收、固化二氧化碳4亿吨。尤其是党的十八大以来，中央高度重视植树造林、改造沙漠的工作。

"十四五"期间，我国计划完成治沙三大战役：第一是黄河"几"字弯攻坚战，这里曾经是水草丰美的河套地区，曾经养育了无数华夏先民，现在却被毛乌素沙地、库布齐沙漠、乌兰布和沙漠包围和侵蚀。我国计划在多年治理的基础上，采取综合治理和光伏治沙相结合的方式，进一步增加植被面积，点沙成土、化漠为林，在改善周边生态环境的同时，逐步发展经济。其中的库布齐沙漠，通过治理，面积大大减小。联合国前副秘书长、联合国环境署前执行主任埃里克·索尔海姆称库布齐治沙是"世界第一案例"。而位于陕西省榆林市附近的毛乌素沙地，面积比海南岛还大。经过多年治理，2020年4月22日陕西省林业局公布榆林沙化土地治理率已达93.24%，这意味着毛乌素沙地未来会从地图上"消失"。我国的目标是彻底"消灭"这几块沙漠，让河套地区重现过去的辉煌。

第二是打好科尔沁沙地和浑善达克沙地歼灭战，实现区域内可治理沙化土地的全覆盖，彻底"消灭"这两个沙地。

科尔沁沙地地处西辽河平原，位于内蒙古、辽宁和吉林三省交界处。曾经，这里被称为科尔沁草原，但由于过度放牧和采矿，草原逐渐退化成为沙地。

浑善达克沙地则是距离北京最近的沙地，它位于内蒙古中部锡林郭勒草原的南端，与北京的直线距离只有180千米。这里曾经水草丰美、景观奇特、风光秀丽，有人称它为"塞外江南"，而气候变化和人类活动使它变了样子。

对这两块沙地的治理，我国已经坚持了许多年。现在樟子松、黄柳等耐旱树木已经在这里扎根，草原、湖泊也随处可见，人们正在为全面"消灭"这两块沙地而努力。

第三是河西走廊－塔克拉玛干沙漠边缘阻击战，做好绿洲外围和沙漠边缘的防风固沙工作，确保沙漠不扩大、不扩散，为下一步综合治理打好基础。

塔克拉玛干沙漠是我国最大的沙漠，其面积达到了 33 万平方千米，而且该地区位于新疆内陆，降水稀少，想要在短期内全部治理是不大可能的。但为了让沙漠不再扩张，我国启动了河西走廊－塔克拉玛干沙漠边缘阻击战，在塔克拉玛干沙漠边缘，以及与之相连接的河西走廊地区大规模植树种草，涵养土地和水源，形成沙漠边缘的绿洲，并以此为基础，逐渐开展对塔克拉玛干沙漠的治理。

2024 年 11 月，随着最后一棵玫瑰花苗种下，塔克拉玛干沙漠边缘阻击战顺利完成，这一工程被戏称为"塔克拉玛干锁边工程"。在长达 3046 千米的塔克拉玛干沙漠边缘，人们通过生物治沙、工程固沙、光伏治沙等多措并举，顺利实现锁边"合龙"，先后有 60 多万人次参与其中，为塔克拉玛干沙漠的进一步治理打下良好的基础。

除了在沙漠植树种草外，我国在绿化荒山、矿山上也做了不少工作。通过选择合适的树苗，人工增加山体裸露表面的土壤，加固山石等措施，人们把不少荒山和废弃的矿山重新变成郁郁葱葱的树林。

截至 2022 年，我国累计完成防沙治沙总面积 2 033 万公顷，53% 的可治理沙化土地得到治理，荒漠化、沙化土地面积分别比十年前净减少 500 万公顷、433 万公顷，沙区植被平均覆盖度上升了 2.6 个百分点。八大沙漠、四大沙地的土壤风蚀总量较 2000 年下降约 40%。全国累计完成造林 10.2 亿亩、森林抚育 12.4 亿亩，全国森林覆盖率提高到 24.02%，人工林保存面积达 13.14 亿亩，居全球首位。近十年，全球新增森林面积的四分之一来自中国，我国成为森林资源增长最快、最多的国家。我国提前实现了联合国提出的，到 2030 年实现土地退化零增长的目标。

通过沙漠、沙地、荒山治理，植被面积得以增加，这些举措不仅改善了我国整体的环境，还吸收了大量的二氧化碳，为"双碳"目标做出了巨大的贡献。

点碳成糖，化碳为粮

目前，所有的碳捕集项目都是公益性项目，项目只有投入，没有产出。究其原因，还是二氧化碳属于工业废气，除极少数情况外，根本没有利用价值。那么怎么才能变废为宝，让二氧化碳成为有用之物呢？2023 年 8 月 16 日，《科学通报》发表了一篇文章，宣布我国科学家在人工合成己糖领域取得了重大突破。

什么是己糖呢？己糖是与生命体营养代谢最为密切的一类糖的统称。植物通过光合作用合成的葡萄糖，就是一种己糖。生命体中的淀粉、纤维素等物质的合成都要以己糖为原料。中国科学院天津工业生物技术研究所的团队成功构建了一种灵活、高效、多功能的人工生物系统，实现了以二氧化碳为原料合成多种类型己糖的实验，并且解决了糖分子立体结构可控的难题，使得人工制造粮食成为可能。

这项成果为我们描绘了一幅美好的前景：我们可以把二氧化碳从工业废气变成工业原料。想象一下：以后燃煤发电站、化工厂等需要大量排放二氧化碳的工厂，完全可以把二氧化碳收集起来，然后通过化学技术转化为糖，并制作成粮食或饲料。到那时，碳减排和碳捕集完全可以成为一个产业，因为二氧化碳也是有用的原料了，直接把它排放掉反而成了一种浪费。同时，粮食生产则不再完全依赖土地。我国的粮食安全问题也迎刃而解。当然，就目前来说，这项技术还处在起步阶段，不过随着相关领域技术的不断突破，相信有一天，我们将有办法处理和利用大气中过多的二氧化碳，变害为利。

碳捕集技术的目的是降低空气中二氧化碳的浓度，从而使碳排放不再成为环境的负担。我国政府承诺在 2060 年前实现碳中和，意味着到 2060 年，我们利用各种碳捕集技术吸收的二氧化碳，以及自然吸收的二氧化碳二者之和，与向大气中排放的二氧化碳量相同，换句话说，我国向大气中净排放的二氧化碳为零。

显然，要实现这个宏大的目标，一方面，我们要努力发展新能源，减少碳排放；另一方面，我们要不断植树造林，并开发新技术，加强碳捕集能力，二者缺一不可。

尾声
"双碳"关系你我他

2022 年 8 月，全球零碳发展的先行者，也是著名的零碳城市——丹麦哥本哈根市的市长宣布，放弃 2025 年实现碳中和的目标。

2023 年 9 月，时任英国首相苏纳克宣布推迟一系列关键环保计划。

当初说好的各国共同面对气候问题，可现在他们都在"后撤"，那我们呢？我们还要不要努力实现"双碳"目标？

"双碳"是国家大计，很高大上，但和我们普通人又有什么关系？我们可以为实现"双碳"目标，为建设美好宜居的环境做些什么呢？

先给大家讲个小故事吧！

在第一次世界大战中，英军占领了位于里海西岸阿普歇伦半岛南部的巴库。这个地方现在是阿塞拜疆共和国的首都，在"一战"时还属于沙俄版图；在苏联时期，它有"石油城"的别称，因为它坐拥巴库油田。在那个时候，巴库被德军占领，成为德军极其重要的石油供应基地。本来，德国在与协约国集团的兵戎相见中还占据着上风。可英军占领巴库后，立即切断了这里对德军的石油供应。没多久，德军就缴械求和了。由此可见，石油对于军事有多么重要。在和平年代，经济建设也非常需要石油，石油被称为"工业的血液"。美国前国务卿基辛格曾说过：谁控制了石油，谁就控制了所有国家。

西方国家 200 多年的工业化进程都非常依赖资源，我国的发展道路上也存在这个问题：用煤多，对石油的依赖度也一直很高，此外还需要大量进口天然气。我国地下有丰富的优质煤资源，可以实现自给，但用煤造成环境污染，即使使用清洁煤技术，也无法解决排放二氧化碳的问题。我国的石油和天然气产量不能自给自足，需要大量进口。目前，我国是世界上最大的石油和天然气进口国。如果其他国家不卖给我们石油、天然气了，是不是我们的经济发展就要陷入困局？另外，使用这类化石资源还面临着一个严峻的问题：它总是会用完的，即使我们这代人还用不完，也无法高枕无忧、放心大胆地用，因为它越用越少总是一个不争的事实，少了就会变贵，贵了发展的成本就会变高；少了还意味着各方要明争暗抢，搞不好还要打仗。因此改变我国的能源结构，开发可再生的新能源，逐步减少对化石能源的依赖，从资源依赖型转型为技术依赖型的经济发展模式，是一个非常重要的现实问题。碳中和不仅是一个环境问题，也是一个发展问题。

相信不少人还对前些年严重的雾霾记忆犹新。在冬季雾霾严重时，有人说"遛狗不见狗"，虽说这是在开玩笑，但谁也笑不出来。那样糟糕的空气，谁都不想再看到了。因此，积极应对气候变化、保护环境、改善空气质量是每个人内心的迫切愿望。正如习近平总书记说，应对气候变化不是别人要我们做，而是我们自己要做。所以说：我国力争2030年前实现碳达峰，2060年前实现碳中和，是党中央经过深思熟虑后作出的重大战略决策，事关中华民族永续发展和构建人类命运共同体。

自"双碳"目标提出以来，我国上下同心、各方协调，取得了良好的效果："十四五"前两年，我国二氧化碳排放强度下降4.6%，能源绿色低碳转型稳步推进，产业结构持续优化升级。截至2023年6月底，全国可再生能源装机总容量历史性超过煤电。"十四五"以来，完成国土绿化超过1亿亩，成为全球森林资源增长最多最快的国家。

到实现碳中和的时候，我们用的能源中80%将是电的形式，这不仅改变国家的经济发展方式，也会改变我们的生活方式、出行方式。"双碳"和我们的生活息息相关，需要我们每个人的努力。特别是青少年，将来会成长为未来碳中和世界的建设者，当然有必要关心气候变化，学习相关科学知识，了解"双碳"目标的来龙去脉、实现路径和政策行动。

我们要在生活中秉承绿色生活、低碳生活的理念，尽量节约能源，做低碳环保的先锋。下面是一些每个人都可以实践的低碳生活方式，让我们从我做起，从日常小事做起，"双碳"目标很大，却离不开每个人的小贡献。低碳减排，有我一个！

（1）夏季使用空调时，温度不低于26摄氏度，如果每家调高1摄氏度，那么全国能省上亿度电；

（2）出行多坐公交车和地铁，能骑车尽量不开车，既节能又锻炼；

（3）就餐不浪费，把光盘行动贯彻到每一顿饭；

（4）不工作、学习时，关掉电脑，不让它待机耗电，打印材料时两面用纸；

（5）把灯泡都换成节能灯或 LED 灯，人走灯灭，养成随手关灯的好习惯；

（6）做好垃圾分类，将可回收利用的垃圾放到指定位置，不要乱扔；

（7）使用菜篮买菜，减少一次性塑料袋、塑料饭盒及其他一次性塑料制品的使用；

（8）淘米水可以多级利用，用它洗菜后可用于涮拖把以及冲厕所；

（9）多走楼梯，少用电梯，既锻炼身体，还节约了电！